꽃으로
만든
액세서리

꽃으로 만든 액세서리

윤혜영 지음

팜파스

일반적으로 조화(실크플라워)는 생화가 아니기 때문에 예쁘지도 않고, 인위적일 거라고 생각하시는 분이 많습니다. 저 역시 꽃 액세서리를 만들기 전에는 그렇게 생각했습니다.

하지만 꽃시장에서 만난 실크플라워는 저의 생각을 단번에 바꿨습니다.

처음 실크플라워를 만났을 때 생화보다 비싼 가격에 놀랐고, 생화보다 더 생화 같은 모습에 반했지요. 실크플라워는 생화와 달리 오래 두고 볼 수 있다는 장점이 있습니다. 그리고 인테리어, 액세서리, 선물 등등 활용도가 높습니다. 그래서 핸드메이드 액세서리를 디자인하는 저에게 실크플라워는 아주 매력적인 소재이지요.

처음 꽃 액세서리를 시작하게 된 것은 4년 전 사이판으로 가족 여행을 다녀온 후부터입니다. 여행지에서 딸아이 머리에 꽃장식을 해주고 싶었지만, 쉽게 구할 수가 없더라고요.

아쉬운 대로 원단으로 꽃핀을 만들어 여행을 갔습니다. 하지만 원단 꽃핀은 여행지에서 많은 아쉬움을 남겼지요.

여행지에서 느낀 아쉬움을 안고 남대문 꽃시장으로 갔습니다.

그때 처음 만난 실크플라워.

어설픈 꽃 코사지가 아닌, 생화 같은 실크플라워.

촉감, 색감, 티테일함 모든 게 제 마음에 쏙 들었지요.

플로리메이드 이름 그대로 지금도 실크플라워의 매력에 푹 빠져 꽃 액세서리 만들고 있습니다.

실크플라워는 많은 장점이 있지만, 그 중 가장 큰 장점은 생화에서 보여주지 못하는 다양한 색을 표현할 수 있다는 것입니다. 꽃의 색상 그 하나의 느낌으로도 다른 장식 필요 없이 예쁜 헤어핀을 만들 수 있답니다.

사치스러운 결혼 문화에서 요즘 알뜰한 소비형태의 결혼을 준비하는 분들이 점점 늘고 있습니다. 셀프웨딩으로 직접 촬영, 드레스도 직접 만들고, 촬영 소품까지 만들어 의미와 가치를 높이는 커플도 많아지고 있습니다.
나만의 개성 있는 결혼문화가 자리 잡혀 가는 모습이 참 바람직해 보입니다.
저의 꽃 액세서리 만들기가 그분들에게 매우 유용한 책이 되었으면 좋겠습니다.

실크플라워 액세서리는
돌잔치의 주인공인 딸아이의 머리장식,
여행지에서 분위기 업시켜줄 액세서리로, 셀프웨딩에서 로맨틱 소품으로.
특별한 날을 더욱 특별하게 만들어주는 마법과도 같습니다.

마지막으로 이번 원고작업에도 제작과정을 찍어주고, 제가 작업하는 동안 딸아이와 놀아주고, 가끔 맛있는 저녁도 차려주며, 늘 아낌없는 지원과 지지를 보내주는 남편 최승락에게 무한한 감사의 마음을 전합니다.
그리고 언제나 나에게 끊임없는 영감을 주는 세상에서 단 하나뿐인 사랑하는 나의 딸 예서,
늘 걱정과 격려를 아끼지 않는 나의 가족들과 나의 지인들,
꽃으로 만드는 액세서리 책을 출간을 위해 긴 시간을 기다려주신 이진아 실장님,
이 책이 출간되기까지 힘 써주신 팜파스 출판사 가족에게 감사의 인사를 전합니다.

CONTENTS

PART 01

꽃으로 만든 헤어핀
❀ Floral Hairpin ❀

PART 02

꽃으로 만든 헤어밴드

❀ Floral Hair band ❀

꽃으로 만든 코사지

Floral Corsage

꽃으로 만든 화관

Floral Coronet

PART 05

꽃으로 만든 주얼리
❀ Floral Jewellery ❀

❀ Silk Flowers ❀

BASIC

실크플라워

실크플라워란?

흔히 말하는 조화를 실크플라워라고 합니다.
실크, 아크릴, 면 등 다양한 소재의 원단 또는 말랑한 플라스틱, 고무소재로 만들어집니다.
이 모든 것을 통칭하여 실크플라워라고 부릅니다.

실크플라워 꽃 액세서리 처음 시작

실크플라워를 선택할 때는 특별한 디자인보다 먼저 마음에 드는 꽃을 골라 집게핀에 붙여보세요. 실크플라워 자체가 완성품이기 때문에 단순하게 핀대만 붙여 만들어도 어색하거나 어설프게 보이지 않습니다.
그렇게 자신감이 생기면 실크플라워 번들을 구매합니다.
번들 안에 묶여 있는 몇 가지 종류의 꽃들로 조합해서 만들어보세요.
실크플라워 번들은 전문가들이 매치해서 제작하여 상품화된 꽃다발이기 때문에, 서로 잘 어울리는 꽃들로 구성되어 있습니다. 꽃에 대해 잘 몰라도 실패할 확률이 낮습니다.

실크플라워의 종류

수국

수국은 큰 꽃, 작은 꽃이
한 줄기에 여러 꽃송이가 달려 있어서,
다양하게 활용하기에 좋습니다.
꽃송이들을 겹쳐서 풍성하게
표현하기도 합니다.

드라이 수국

말려 놓은 꽃의 느낌으로 제작된
실크플라워입니다.
내추럴하게 표현하기에 좋습니다.

장미

장미는 실크플라워 중에서도
디테일함이 좋아서 꽃송이
그대로 사용하기를 추천합니다.

아네모네, 달리아
컬러가 강하고 큼직한 꽃은
특별한 날 스페셜하게 표현하고자 할 때
추천합니다.

라넌큘러스
큼직하고 파스텔 톤의 실크플라워는
단독으로 포인트로 연출하기에 좋습니다.

로핑

긴 줄기에 잔잔한 꽃이 달려 있거나
잎사귀로만 이루어진 로핑 등 여러 종류가 있습니다.
로핑은 잘 구부려지는 와이어가 줄기 부분에 있어
원하는 모양으로 제작이 가능해서
화관을 만들 때 추천합니다.

릴리, 아스트리아

꽃장식을 만들 때 보조 꽃으로 첨가해서
사용하기에도 좋습니다.

라벤더

프로방스한 분위기로 연출하기에 좋고
리넨 소재와 잘 어울립니다.

블로초

메인을 꾸며주는
보조장식으로 추천합니다.

블루베리, 레드베리
열매 실크플라워는 꽃과 꽃 사이에서
포인트로 넣어주면 밋밋한 느낌을
사라지게 합니다.

소국
단독으로 반지나 귀고리를 만들 때
사용하기에 좋습니다.

도구와 재료

기본 도구

① 와이어 : 초록색의 굵은 와이어는 꽃을 묶을 때 쓰이는 와어어로, 무거운 꽃송이도 단단히 잘 고정됩니다.

② 리본 와이어 : 흰색의 리본 와이어는 와이어보다 가늘고, 리본 가운데에 주름을 잡아 고정할 때 사용합니다.

③ 라이터 : 실크플라워 꽃들의 마감이 부실할 때 열처리로 마감하고, 리본을 자른 끝부분에 올이 풀리지 않도록 열처리할 때 사용합니다.

④ 나일론사 : 모조진주, 비즈, 큐빅 장식을 실로 꿰맬 때에는 무거운 비즈가 늘어나지 않고 단단히 고정이 되는 나일론사를 사용합니다.

⑤ 비즈바늘 : 비즈가 잘 통과할 수 있게 귀가 작은 비즈 전용 바늘입니다.

⑥ 가위 : 리본이나 부직포 등을 자를 때 사용합니다.

⑦ 니퍼 : 실크플라워 줄기나 와이어를 자를 때 사용합니다.

⑧ 9자 펜치 : 핸드메이드 액세서리 제작에 사용되는 도구로 한쪽이 뾰족한 원뿔 모양이고 다른 쪽은 원뿔이 들어가도록 홈이 있는 모양입니다. 와이어의 고리를 만들 때 사용합니다.

⑨ 평 펜치 : O링을 열고 닫을 때, 고정볼이나 비즈탭을 누를 때 사용합니다.

⑩ 글루건과 글루 : 꽃장식을 만들 때나 꽃장식을 핀대나 머리띠에 고정할 때 사용합니다.

① 우레탄사 : 신축성이 좋은 우레탄사는 팔찌나 목걸이에 비즈를 끼울 때 사용하고, 마감장식 없이 묶어서 마감합니다.

② 양면테이프 : 핀대에 리본을 감싸 장식할 때 사용합니다.

③ 부직포 : 꽃장식을 할 때 쓰이는 기초가 되어, 꽃을 붙여 고정하기 좋습니다. 원 모양의 부직포를 구매하거나, 큰 부직포를 구매해서 원하는 모양으로 잘라서 쓰기도 합니다.

④ 머리띠

⑤ 귀침

⑥ 반지

⑦ 코사지 핀대, 브로치 핀대

⑧ 일자 실핀

⑨ 똑딱이핀

⑩ 자동핀

⑪ 집게핀

❶ **깃털** : 꽃장식에 깃털장식을 더하면 부드럽고 우아하게 연출이 가능합니다.

❷ **샤 원단, 망사** : 꽃장식에서 보조 장식으로 더 풍부하게 표현할 때 사용합니다.

❸ **라피아** : 꽃장식이나 인테리어 소품에 주로 사용이 됩니다. 꽃과 잘 어울려서 꽃 액세서리에 활용하기를 추천합니다.

❹ **리본** : 리본을 활용하여 더욱 로맨틱하게 연출이 가능합니다.

❺ **비즈** : 모조진주, 시드 비즈를 꽃수술 부분에 장식하여 더욱 고급스럽게 표현하기에 좋습니다.

기본 테크닉

실크플라워의 기본 손질

01　꽃 액세서리로 사용하게 되는 실크플라워는 꽃만 사용하는 경우가 많습니다. 줄기와 꽃을 분리하고 꽃받침 부분에 튀어 나와 있는 것은 니퍼로 깔끔하게 정리하여 사용합니다.

02　실크플라워는 대부분이 원단으로 제작되어 있습니다. 대량으로 찍어내다 보니 깔끔하게 정리가 되지 않은 꽃들도 있습니다. 실밥이 더 이상 풀리지 않게 라이터로 열처리를 해주면 깨끗하게 정리됩니다.

실크플라워 와이어로 고정하기

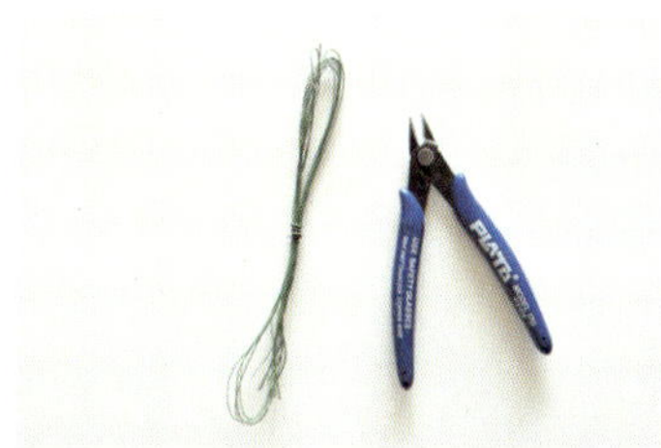

01 꽃을 묶을 때 주로 쓰이는 와이어와 니
퍼를 준비합니다.

02 꽃의 줄기를 모아 와이어로 2번 감은
뒤 2개의 선을 꼬아줍니다.

03 꼬아준 선을 0.2cm 정도 남기고 니퍼
로 자릅니다(바짝 자르면 와이어가 풀립
니다).

04 0.2cm 남겨진 와이어를 줄기 쪽으로
구부려서 깨끗하게 붙여줍니다.

라피아 리본 만들기

01 라피아와 리본 와이어를 준비합니다.

02 라피아 여러 가닥을 가지런히 모아 놓
고, 원하는 리본의 크기에 따라 2~4개
의 손가락을 넣고 감아줍니다.

03 다 감은 라피아를 손가락에서 빼고, 중
심 부분을 모아 리본 와이어로 감아 고
정합니다.

04 튀어 나온 라피아 가닥을 가위로 잘라
정리합니다.

05 라피아 한 가닥으로 묶어 놓은 리본와
이어가 보이지 않게 감아 뒤쪽에 매듭
을 지어줍니다

06 묶어준 라피아 가닥도 가위로 정리해
주면 완성입니다.

실과 바늘로 비즈달기

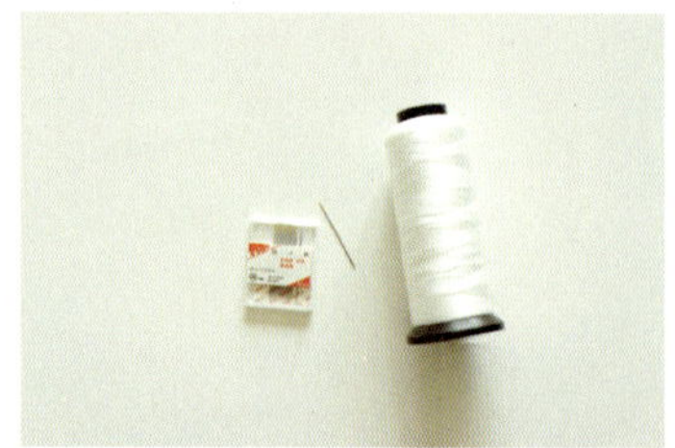

01 비즈가 잘 통과할 수 있게 제작되어 있
    는 귀가 작은 비즈 전용 바늘과 실은
무거운 비즈를 달아도 늘어나지 않은 나이
론사를 준비합니다.

02 실크플라워는 원단으로 제작되어 있
    어 꽃을 바느질하여 달기에 좋습니다.
원단의 뒷부분에서 앞부분으로 바늘을 빼냅
니다.

03 앞으로 빼낸 바늘에 꽃 → 비즈 순으로
    실에 꿰고 다시 뒤쪽으로 바늘을 빼냅
니다.

04 한 번 더 반복해서 단단히 고정하고 원
    단 뒤쪽에 매듭하고 실을 잘라냅니다.

리본의 끝처리

01 **리본 끝처리 : 열처리**
    리본으로 의해 더욱 풍성하고 로맨틱
하게 연출이 가능하답니다.
깔끔한 꽃 액세서리를 위해 리본의 마감은
항상 라이터로 열처리를 해주세요.

02 **리본 끝처리 : 면 리본의 경우**
    리본의 소재가 면이라면 라이터로 열
처리를 할 경우 타기만 하고 마감이 되지 않
아요.
리본 소재가 면일 경우 끝을 조금 접어 글루
건을 쏘아 붙여주면 깔끔하게 정리가 되고,
올이 풀리지 않습니다.

집게핀 리본 감싸기

01 양쪽 끝에 열처리 마감한 리본과 집게핀을 준비한다.

02 열처리 마감한 리본의 한쪽 면에 양면 테이프를 붙여줍니다.

03 집게핀을 뒤집어 손가락으로 집는 손잡이 부분부터 리본을 붙여 시작합니다.

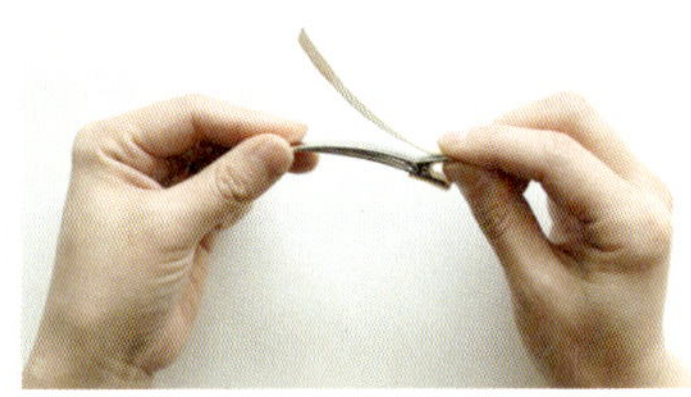

04 손잡이 안쪽에 리본을 밀어 넣습니다.

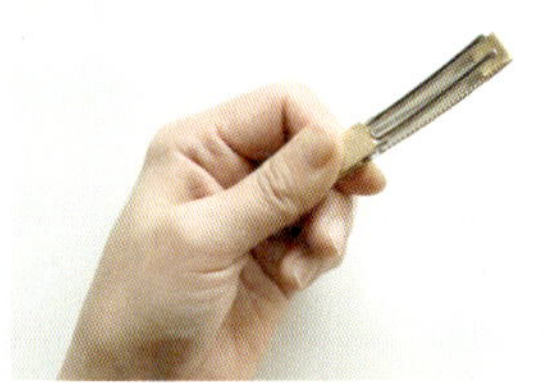

05 핀대를 감싼 후 집게를 벌린 후 나머지 리본을 집어넣어 붙여줍니다.

06 완성된 모습

똑딱이핀 부직포 붙이기

01 똑딱이핀보다 사방 0.5cm씩 크게 부직포를 2장을 잘라 만들어줍니다.

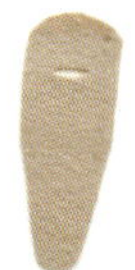

02 부직포 한 장을 똑딱이 핀을 끼울 수 있게, 똑딱핀의 크기에 따라 2~3cm 떨어진 지점에 칼로 잘라 구멍을 뚫어줍니다.

03 이미지와 같이 똑딱핀을 끼웁니다.

04 나머지 한 장에 부직포에 꽃 장식을 하고 난 뒤에 글루건을 쏘아 줍니다.

05 만들어놓은 꽃장식 뒤쪽 부직포에 똑딱이핀을 겹쳐서 붙여줍니다.

Floral Hairpin

꽃으로 만든
헤어핀

드라이플라워 헤어핀

선물 받은 꽃다발을 버리기 아까워 오래 간직하고 싶은 적이 있나요?
꽃다발을 서늘한 곳에서 잘 말린 드라이플라워를 벽에 걸어두고 오랫동안 바라보며 선물한 사람을 생각했습니다.
드라이플라워는 왠지 더 많은 추억이 깃든 것 같습니다.
드라이플라워로 만든 헤어핀을 꽂은 오늘은 그리운 이를 우연히 만나지 않을까? 기대를 하게 되네요.

드라이 수국 여러 송이, 모조진주, 8cm 자동핀, 부직포

도구 글루건, 바늘, 실

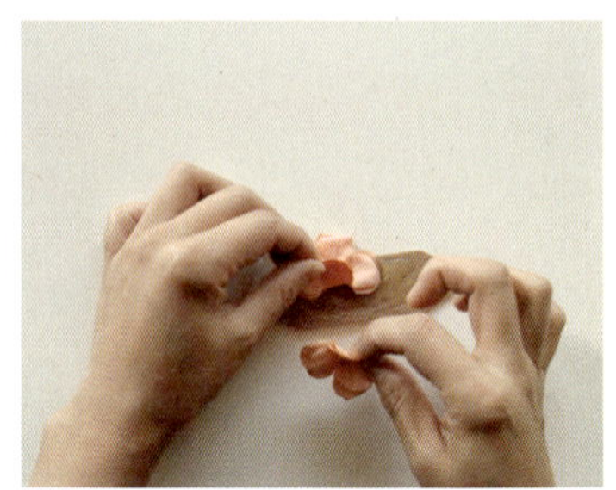

01 드라이 수국 3장을 겹쳐서 바늘과 실을 이용하여 중심에 모조진주를 달아 꽃장식을 만듭니다.

02 같은 방법으로 6개의 꽃장식을 만들어 놓습니다.

03 부직포를 가로 8.5cm, 세로 2cm 사이즈로 자르고, 부직포에 글루건을 쏘아 꽃장식을 붙여줍니다.

04 사진과 같이 꽃장식 2개를 서로 마주 보게 붙여줍니다.

05 바로 옆쪽에 똑같이 꽃장식 2개를 서로 마주보게 붙여줍니다.

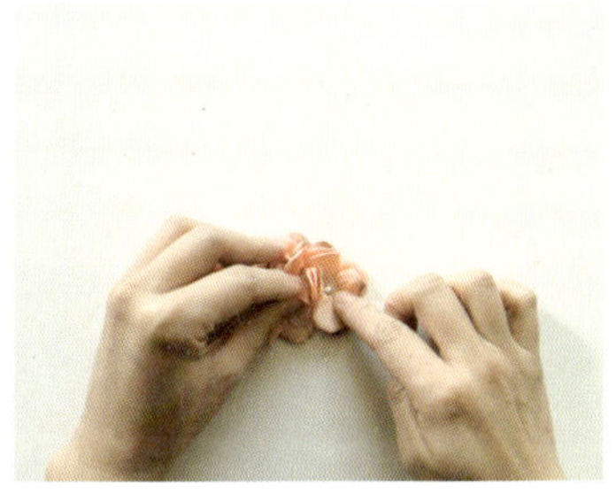

06 양쪽 끝쪽에 꽃장식 하나씩을 붙여줍니다.

07 완성된 꽃장식 모습입니다.

08 뒷면 부직포에 글루건으로 자동핀을 붙여줍니다.

09 추억이 깃든 드라이플라워 헤어핀 완성입니다.

망사꽃 리본 헤어핀

망사의 매력은 속이 훤히 보인다는 것이죠. 그 매력을 그대로 살려 망사꽃 리본 헤어핀을 만들어보았습니다.
향기주머니, 포푸리처럼 작은 꽃송이들을 넣어 고이고이 접어 만든 어디에서도 볼 수 없는 근사한 리본을 만들어보세요.
아름다운 꽃과 사랑스러운 리본이 만나 로맨틱함이 배가 될 것입니다.

꽃으로 만든 헤어핀

수국 5가지 종류로 각각 2송이, 망사, 리본, 6cm 집게핀

도구 글루건, 리본 와이어

HOW
TO
MAKE

01 가로 30cm, 세로 25cm의 망사를 준비
하고, 리본의 양쪽에 들어갈 수국을 컬
러별로 각각 5송이씩을 뒤집어 놓아둡니다.

02 사진과 같이 오른쪽의 망사를 반을 접
습니다.

03 왼쪽도 접어놓은 망사를 겹쳐지도록
접어둡니다.

04 망사의 위, 아래도 접어둡니다.

05 중심을 모아 리본 모양을 만듭니다.

06 망사를 모아둔 부분에 리본 와이어로 고정합니다.

07 리본으로 두 번 감아 글루건으로 붙여서 와이어를 가려줍니다.

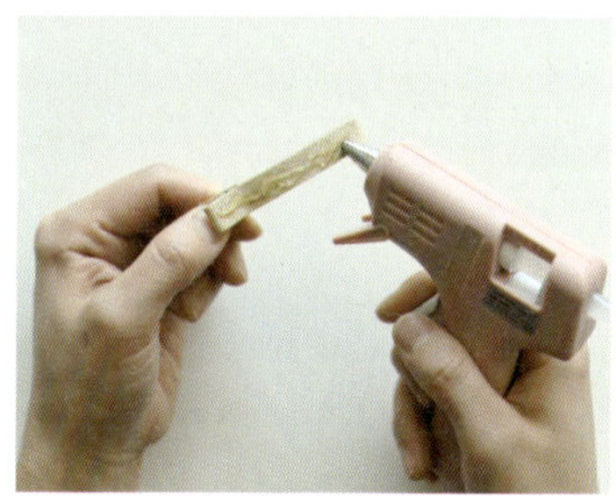

08 집게핀에 스웨이드리본을 감싸고 글루건을 쏘아줍니다.

09 망사꽃 리본에 집게핀을 붙여줍니다.

10 완성된 모습

발레리나 헤어핀

연핑크에 풍성한 샤 원단의 튜튜. 딸아이의 첫 번째 발레복을 아직도 기억합니다.
발레복을 입은 인형 같은 모습의 딸아이를 바라보는 순간, 세상 모든 엄마는 딸바보가 될 거예요.
올림머리에 꽂아준 발레리나 헤어핀이 어설픈 발레 동작 하나하나에 깃털이 살랑살랑~.
그 순간 딸아이는 세상 누구보다 사랑스럽습니다.

Ready

수국(큰 꽃 3장, 중간 꽃 1장, 작은 꽃 1장), 분홍 깃털, 시드비즈, 부직포, 6cm 똑딱핀

도구 글루건, 실, 바늘

HOW

TO

MAKE

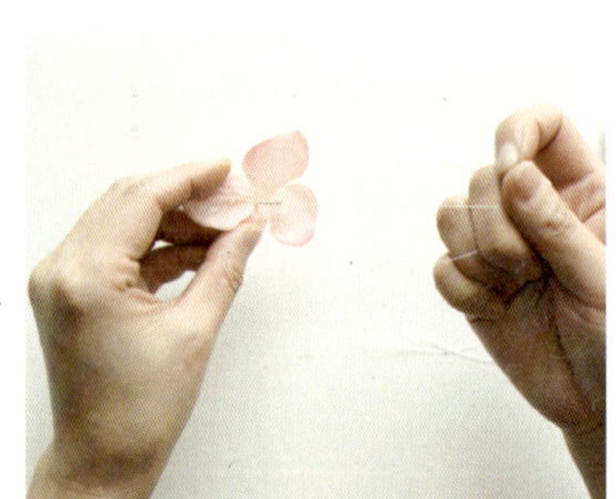

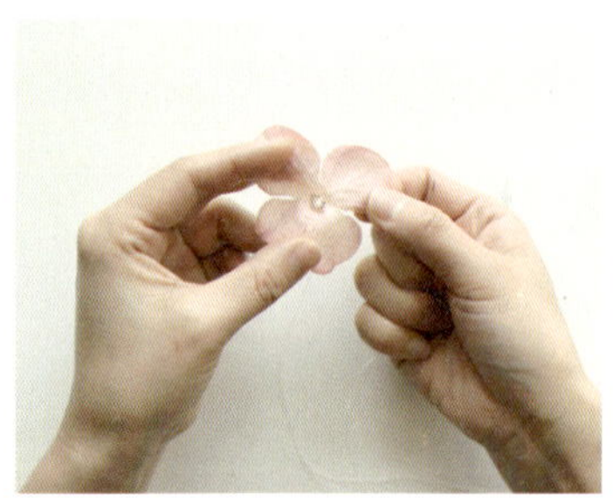

01 수국꽃 중심에 바늘을 끼워 시드비즈 8~10개를 끼웁니다.

02 시드비즈를 끼운 바늘을 한 땀 건너서 빼냅니다.

03 수국꽃의 위쪽으로 바늘을 빼고, 다시 시드비즈를 끼웁니다. 비즈가 끼워진 모양이 +가 되도록 합니다.

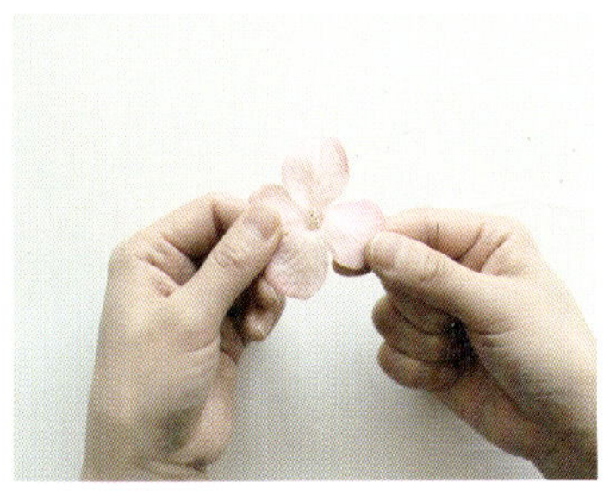

04 시드비즈를 끼운 바늘을 한 땀 건너서 빼냅니다.

05 같은 방법으로 한 번에서 두 번 정도 더 시드비즈를 끼워 바느질을 하고, 뒤쪽으로 매듭을 단단히 지어 줍니다.

06 같은 방법으로 5장의 수국 꽃에 모두 시드비즈 장식을 해서 준비합니다.

07 똑딱이핀보다 사방 0.5cm씩 크게 부직포를 2장을 잘라 만들고, 부직포의 넓은 부분에 깃털을 3~4장을 글루건으로 붙여줍니다.

08 깃털 옆쪽에 수국 큰 꽃을 하나를 붙여줍니다.

09 이미지와 같은 자리에 수국 큰 꽃 하나를 붙여줍니다.

10 나머지 수국 큰 꽃을 붙여줍니다.

11 수국 중간 꽃을 사진과 같이 붙여줍니다.

12 마지막으로 수국 작은 꽃을 붙여줍니다.

13 나머지 부직포에 똑딱이핀을 끼웁니다(기본 테크닉 참조).

14 만들어놓은 꽃장식 뒤쪽 부직포에 똑딱이핀을 겹쳐서 붙여줍니다.

15 사랑스러운 발레리나 헤어핀 완성입니다.

블라섬 섬머 헤어핀

바이올렛 빛깔이 도는 수국꽃 6장을 이용하여 만든 볼륨감이 있는 꽃 헤어핀입니다.

사랑스러운 느낌이 가득하여, 여성스러운 의상에 코디하면

더욱 사랑스러워진답니다.

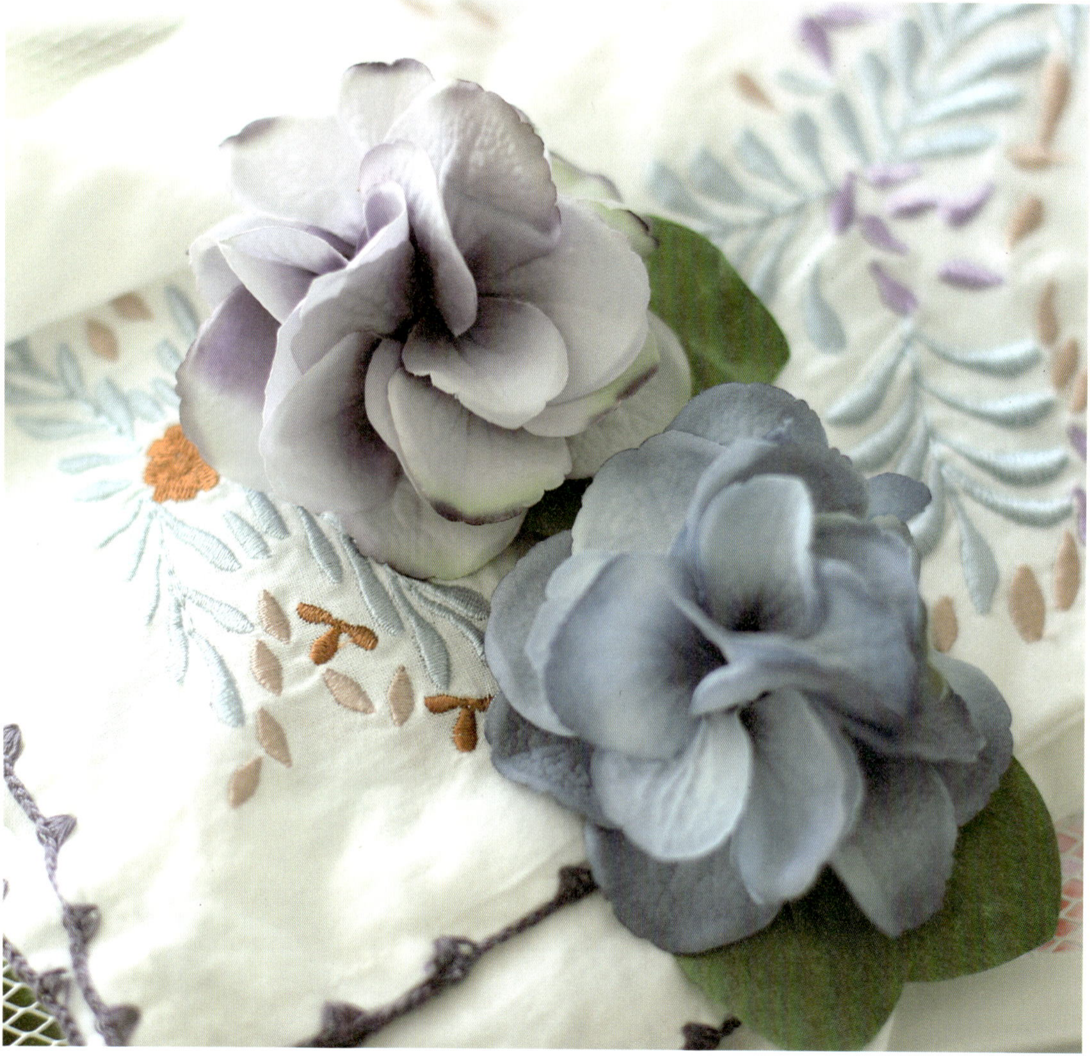

보라색의 수국꽃 6장, 잎사귀 2장, 가로 6.5cm 세로 2.5cm 부직포 1장, 6cm 집게핀

도구 글루건

HOW
TO
MAKE

01 준비된 부직포를 사진과 같이 두고 위쪽 부분만 글루건을 쏘아줍니다.

02 잎사귀 2장을 부직포 붙입니다.

03 잎사귀를 붙인 부직포에 글루건을 쏘아 잎사귀 쪽에 꽃 1장을 붙입니다.

04 꽃 5장을 차례대로 돌아가면서 붙여줍
니다.

05 5장의 꽃을 붙인 후, 붙인 꽃의 중심
에 글루건을 쏘아 나머지 한 장을 붙
입니다.

06 나머지 한 장을 붙인 후 글루건이 굳
기 전에 볼륨감을 살려 형태를 잡아줍
니다.

07 사진과 같이 6cm 집게핀을 글루건으
로 붙입니다.

08 완성된 모습

05

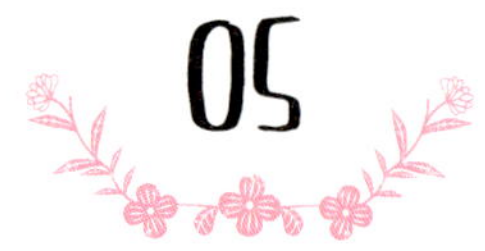

스카이블루 프린세스 헤어핀

하늘빛의 도도함이 묻어나는 블루 작약에
보석장식을 더해 공주님에게 어울릴 헤어핀을 만들어보세요.

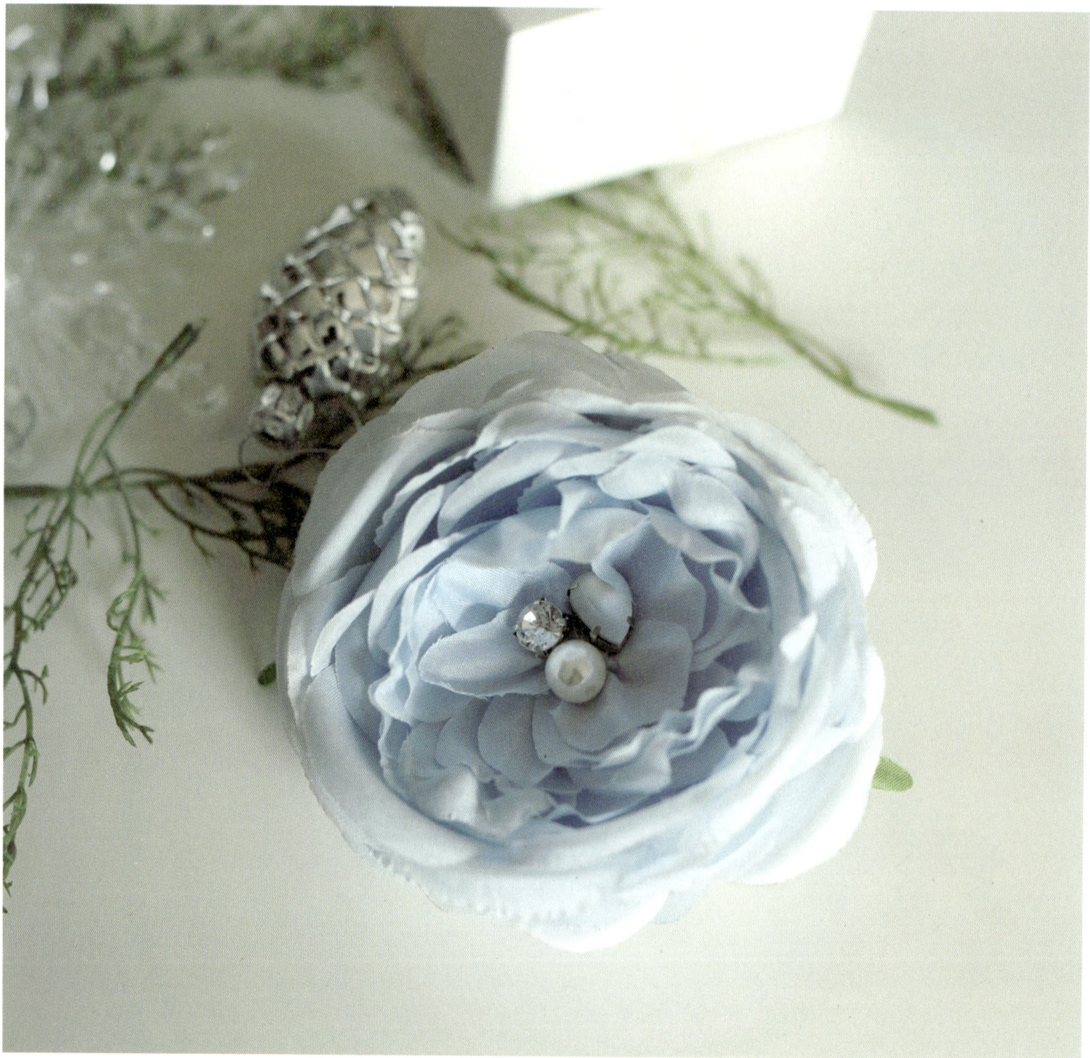

블루 작약, 모조진주 1개, 아크릴 큐빅장식 2개,
반짝이 리본, 8cm 집게핀, 부직포

도구 글루건

HOW TO MAKE

01 반짝이 리본으로 8cm 집게핀을 감싸
주세요(기본 테크닉 참조).

02 수국의 꽃받침을 정리하고 가로 6cm,
세로 4cm 크기로 부직포를 잘라서 블
루 작약의 꽃받침 부분에 글루건으로 붙여
줍니다.

03 작약 중심에 모조진주와 아크릴 큐빅
장식을 붙여줍니다.

04 작약의 부직포 부분에 집게핀을 붙여
줍니다.

05 스카이블루 프린세스 헤어핀 완성입
니다.

스프링브리즈 헤어핀

살랑~ 불어오는 봄바람같이 따스함을 담고 있는 헤어핀.
여리게 피어 있는 꽃들이 봄바람에 흔들흔들 간지럼을 타는 것 같아요.

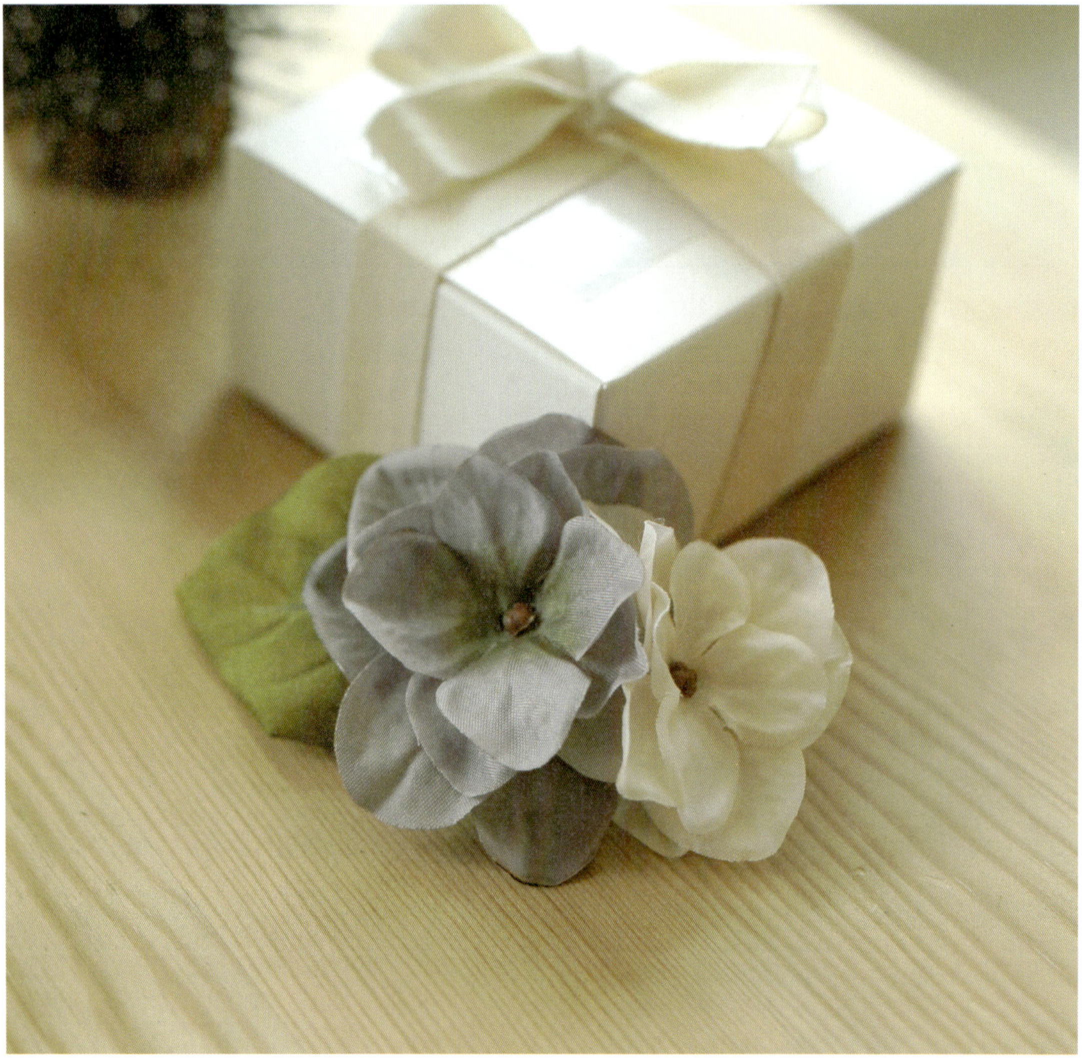

꽃으로 만든 헤어핀

Ready

보라 수국(큰 꽃 2송이, 중간 꽃 2송이), 화이트 수국(중간 꽃 2송이, 작은 꽃 1송이),
잎사귀, 부직포, 6cm 집게핀

도구 글루건

HOW

TO

MAKE

01 보라 수국 큰 꽃 2송이, 중간 꽃 2송이
를 준비합니다.

02 꽃잎이 서로 잘 보이게 겹쳐서 풍성한
꽃장식을 만듭니다.

03 화이트 수국 중간 꽃 2송이, 작은 꽃 1
송이를 준비하세요.

04 꽃잎이 서로 잘 보이게 겹쳐서 풍성한 꽃장식을 만듭니다.

05 가로 6.5cm, 세로 2cm의 부직포를 잘라 준비하고 부직포를 세워 위쪽에 사진과 같이 잎사귀를 글루건으로 붙여줍니다.

06 잎사귀 쪽에 보라 수국 장식을 붙여줍니다.

07 붙여놓은 보라 수국 장식 옆에 화이트 수국 장식을 붙여줍니다.

08 만들어진 꽃장식의 뒷면 부직포에 집 게핀을 붙여줍니다.

09 봄바람 같은 스프링브리즈 헤어핀 완성입니다.

꽃으로 만든 헤어핀

07

올리비아 펄 가든 헤어핀

새하얀 발레복에 단정히 올린 올림머리.
발레리나의 우아함과 아름다움을 닮은 올리비아 펄가든 헤어핀입니다.

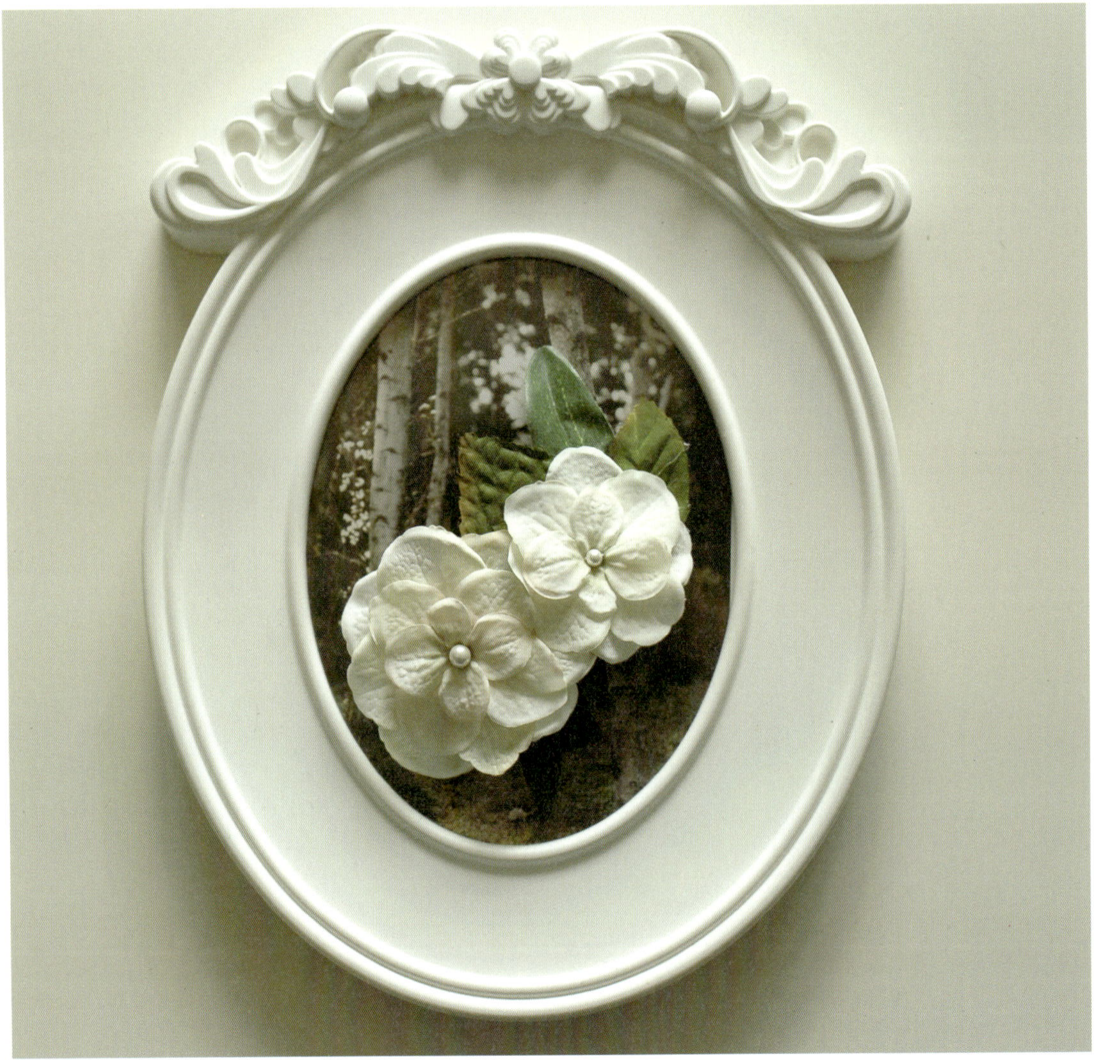

Ready

수국(큰 꽃 2장, 중간 꽃 3장, 작은 꽃 2장), 잎사귀 3장, 진주 2개, 부직포, 8cm 자동핀

도구 글루건

HOW

TO

MAKE

01 가로 8.5cm, 세로 4cm의 부직포를 자르고, 부직포에 이미지와 같이 오른쪽에 잎사귀를 글루건으로 붙여줍니다.

02 수국을 '큰 꽃 2장 → 중간 꽃 1장 → 작은 꽃 1장'의 순서로 꽃 중심 부분에 글루건을 쏘아서 차례로 붙여서 큰 꽃장식을 만들고, 수국을 '중간 꽃 2장 → 작은 꽃 1장'의 순서로 붙여서 작은 꽃장식을 만듭니다.

03 만들어놓은 꽃장식의 중심에 진주를 붙여줍니다.

04 부직포의 왼쪽 편에 큰 꽃장식을 붙여
줍니다.

05 오른편의 잎사귀의 위에 작은 꽃장식
을 붙여줍니다.

06 뒷면 부직포에 자동핀을 붙여줍니다.

07 올리비아 펄가든 헤어핀 완성입니다.

08

웨딩데이 헤어핀

큼직한 화이트 작약은 웨딩 헤어장식으로 훌륭하답니다.
깃털 장식과 함께 청순함과 우아함을 연출해보세요.

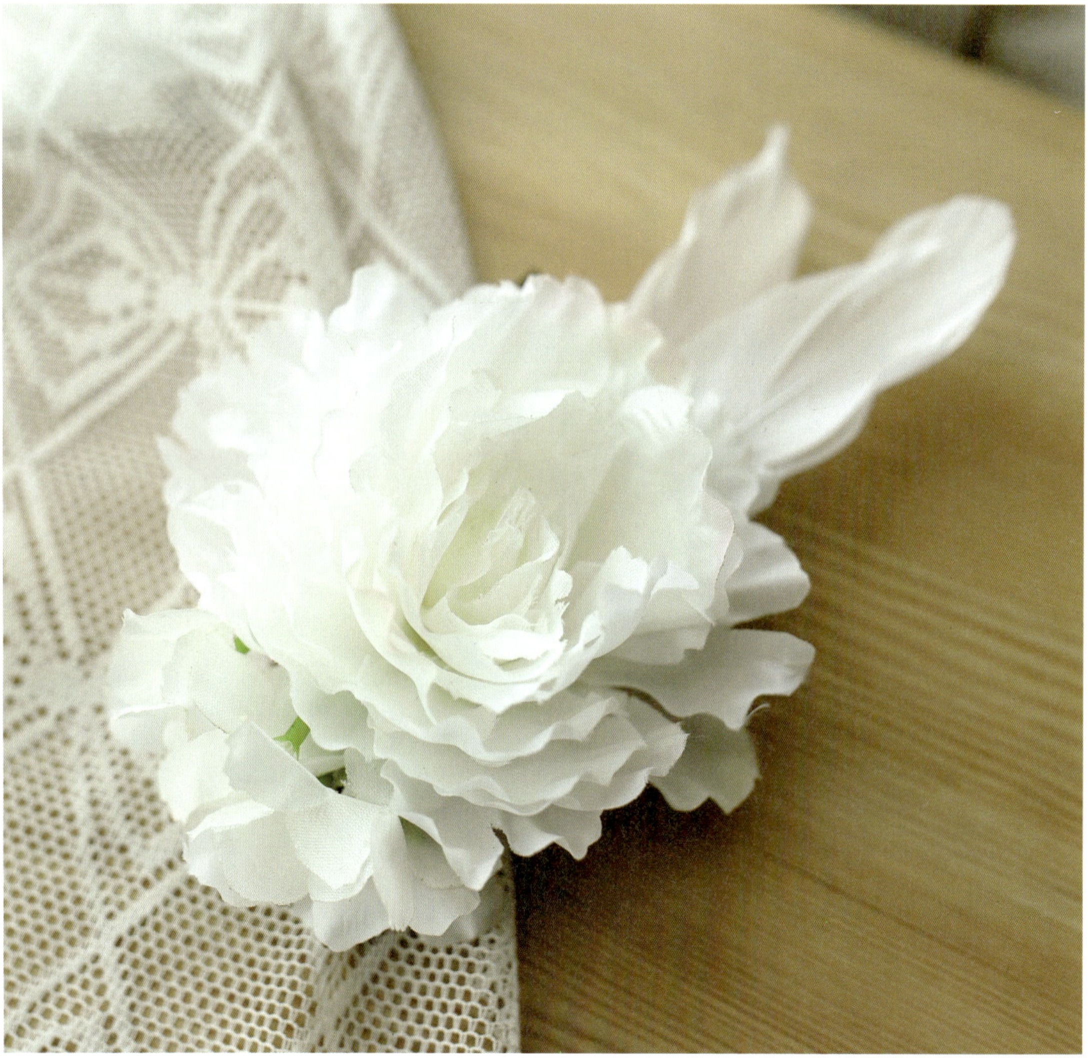

Ready

작약, 수국, 잎사귀, 깃털, 부직포, 8cm 집게핀

도구 글루건

HOW
TO
MAKE

01 가로 9cm, 세로 3cm의 부직포를 준비
하고, 잎사귀를 사진과 같이 글루건으
로 붙여줍니다.

02 잎사귀 위에 깃털 2개를 잎사귀 위에
붙여줍니다.

03 작약을 붙여줍니다.

04 작약의 아래쪽에 수국줄기를 붙여줍니다.

05 뒷면 부직포에 집게핀을 붙여줍니다.

06 우아한 화이트 작약 헤어핀 완성입니다.

09

작약 헤어핀

커다란 진주를 품은 작약.
화려한 듯하면서도 청순한 매력이 있는 헤어핀입니다.

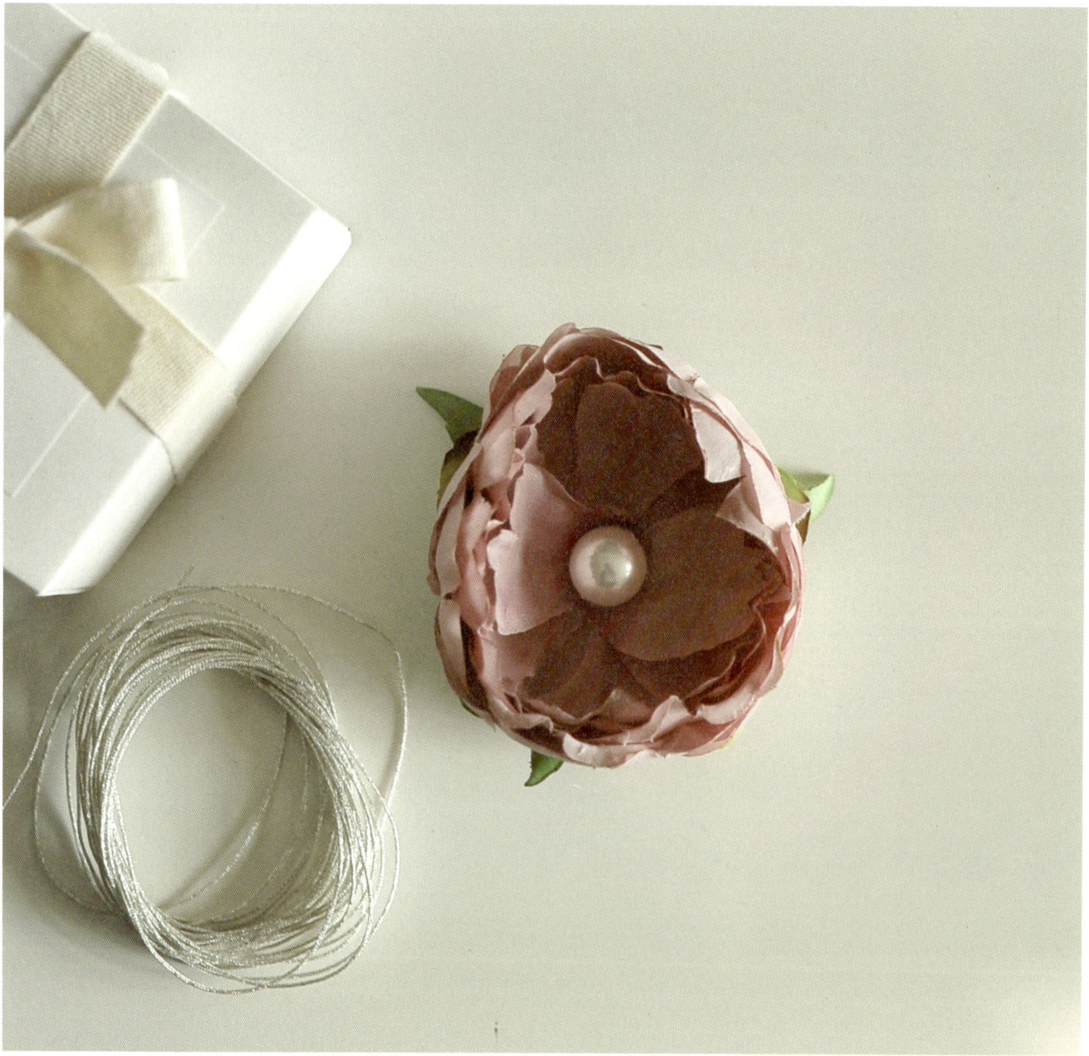

작약, 진주, 부직포, 6cm 집게핀

도구 글루건

01 작약꽃의 중심에 글루건으로 진주를 붙여줍니다.

02 작약의 꽃받침 부분에 가로 6cm, 세로 2cm 크기의 부직포를 붙여줍니다.

03 부직포에 집게핀을 붙여줍니다.

04 진주를 품은 작약 헤어핀이 완성입니다.

카프리 헤어핀

남태평양의 푸른 바다를 연상하게 되는 블루 컬러들의 꽃.
카프리 헤어핀은 해변에서 화려하고 시원하게 연출하기에 그만이랍니다.

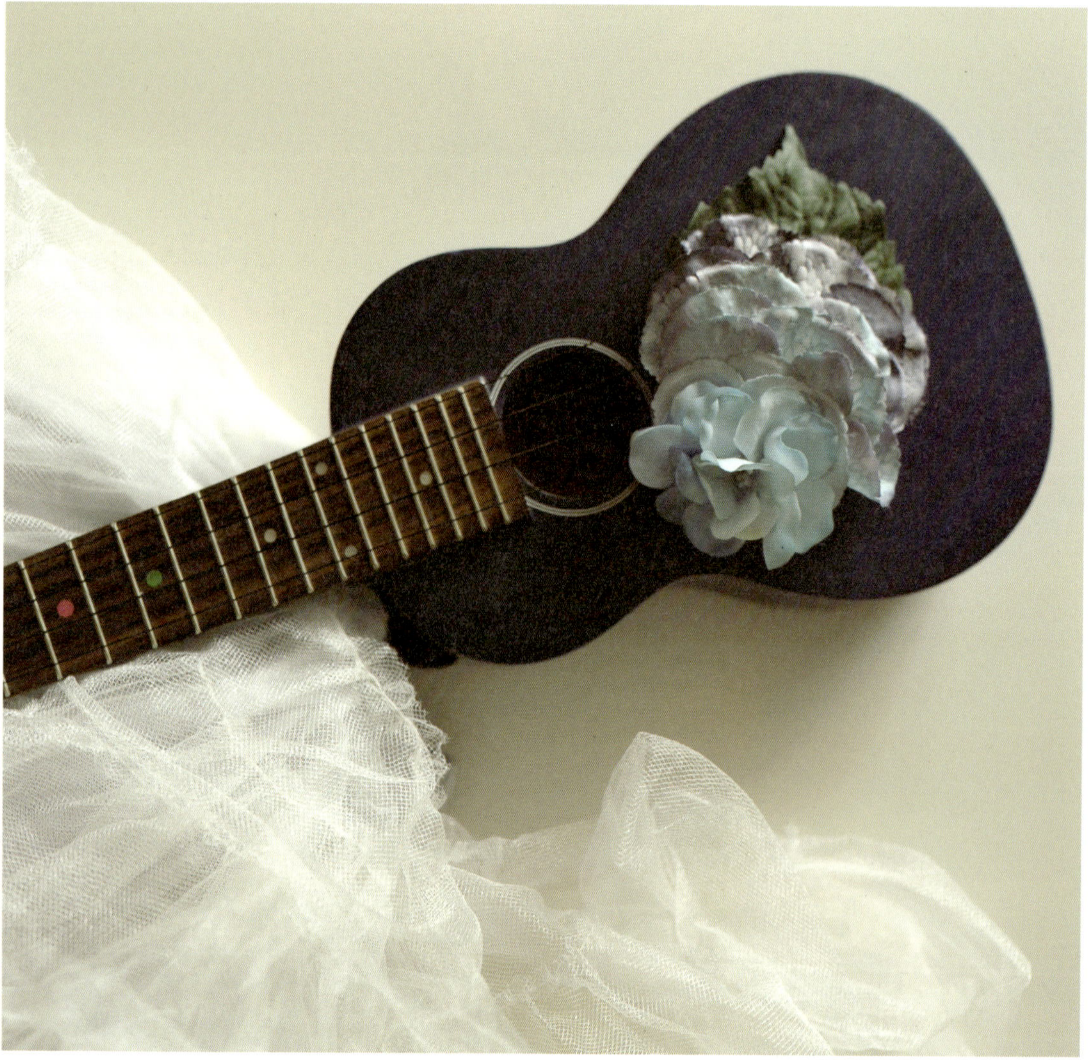

큰 수국(큰 꽃 4송이, 작은 꽃 1송이), 잔잔한 작은 수국 5송이,
큰 잎사귀, 부직포 2장, 8cm 똑딱이핀

도구 글루건

HOW
TO
MAKE

01 부직포를 똑딱이핀 모양으로 똑딱이
핀보다 사방 0.5cm 크게 그려 오려둡
니다. 부직포 1장을 큰 잎사귀의 뒷면에 비
스듬하게 글루건으로 붙여줍니다.

02 먼저 짙은 색의 큰 수국 2장을 잎사귀
위에 반으로 접어서 붙여줍니다.

03 옅은 색의 수국 1장을 짙은 색 수국 약
간 아래쪽에 붙입니다. 그리고 옅은 색
수국 1장을 바로 아래 붙인 후 작은 수국 1
장을 붙입니다.

04 작은 수국을 사진과 같이 2송이를 붙
입니다.

05 다른 작은 수국도 붙여놓은 수국과 마
주하게 붙여주고, 그 중간에 수국 1송
이를 붙입니다.

06 똑딱핀을 부직포에 끼웁니다(기본 테크
닉 참조).

07 잎사귀 뒷면에 잘라놓은 부직포를 붙
여줍니다.

08 부직포 뒷면에 글루건으로 똑딱핀 끼
운 부직포를 붙여줍니다.

09 카프리 헤어핀 완성입니다.

퍼플엔젤 헤어핀

연보라빛, 연하늘빛 그리고 민트 컬러가 어우러져 신비한 느낌이 듭니다.
천사를 직접 만난다면 이런 신비로운 느낌이 아닐까 상상해봅니다.

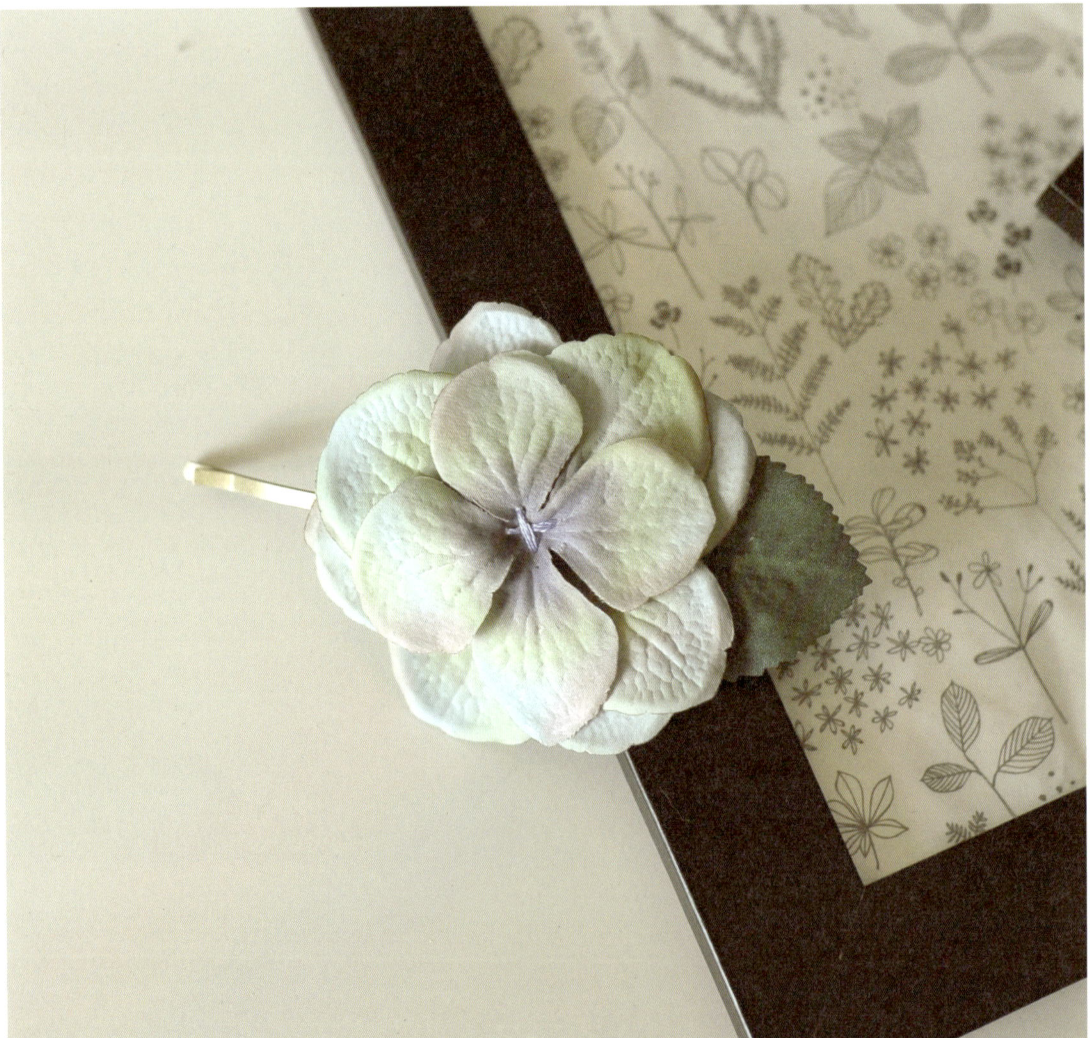

수국(큰 꽃 2장, 작은 꽃 1장), 잎사귀, 부직포, 6cm 실핀

도구 글루건, 실, 바늘

HOW

TO

MAKE

01 수국을 '큰 꽃 2장 → 작은 꽃 1장'의 순서대로 놓고 중심에 +자 모양으로 바느질하여 고정합니다.

02 뒷면에 잎사귀를 글루건으로 붙여줍니다.

03 뒷면에 부직포를 붙여줍니다.

04 부직포에 실핀을 글루건으로 붙여줍
니다.

05 신비로운 퍼플엔젤 헤어핀 완성입니다.

12

플로라 U자핀

올림머리를 고정할 때 쓰는 U자 핀에 꽃장식을 달아서
올림머리를 더욱 우아하게 연출해보세요.

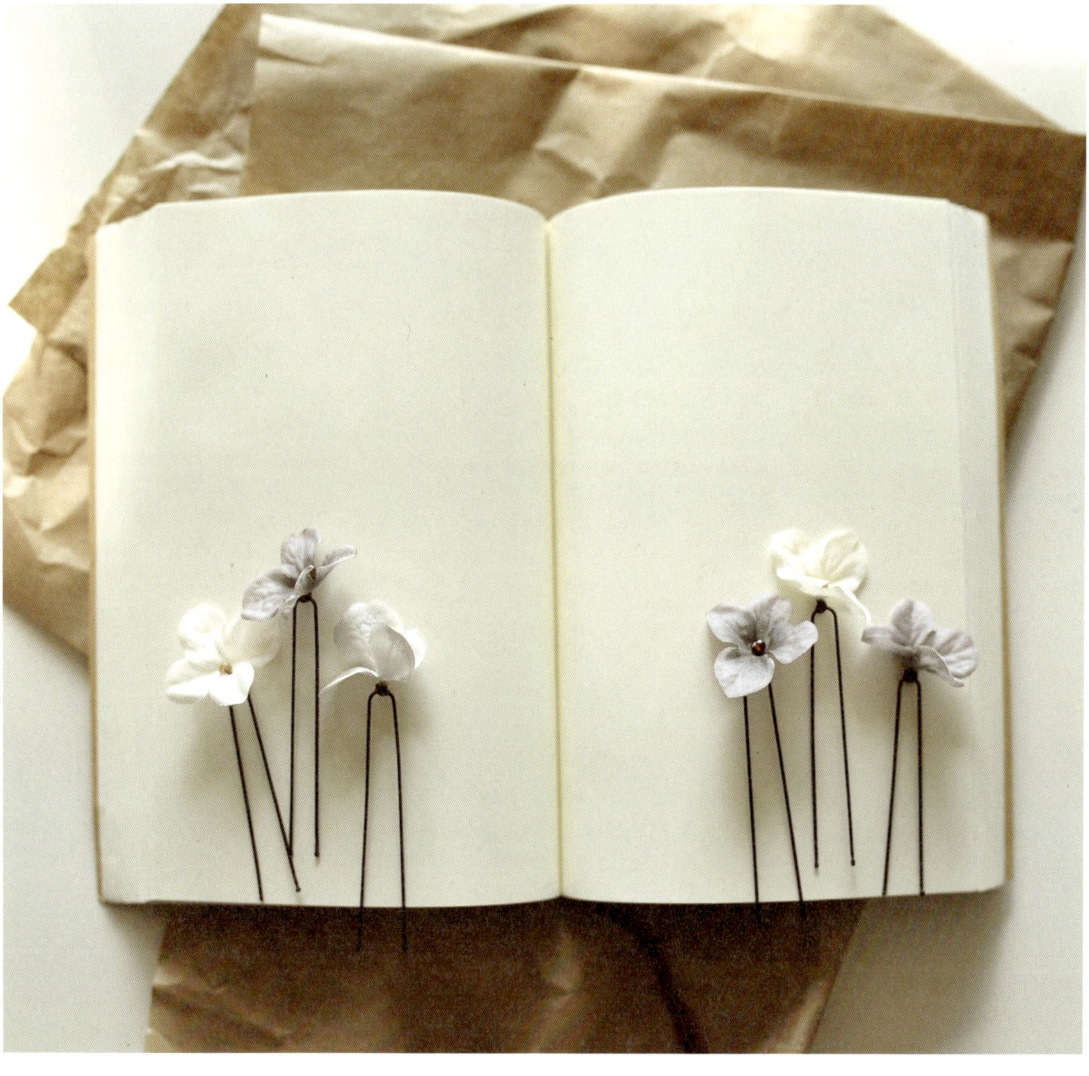

수국, 비즈, U자 핀

도구 비즈 와이어, 니퍼

01 20cm의 비즈 와이어 중심에 비즈를 끼워 한 번 꼬아 고정합니다.

02 사진과 같이 수국 중심에 와이어를 끼웁니다.

03 U자 핀에 두 와이어를 감아서 고정합니다.

04 두 와이어를 겹쳐서 꼬아 고정하고, 나머지 와이어를 니퍼로 잘라줍니다.

05 우아한 플로라 U자 핀이 완성되었습니다.

U자 핀에 와이어로 감은 것처럼 실핀에 꽃장식을 와이어로 달아 연출해보세요.
멋부린 듯한 잔머리 고정용 실핀이 완성됩니다.

꽃으로 만든 헤어핀

· 075 ·

❀ Floral Hair band ❀

PART 02

꽃으로 만든 헤어밴드

라넌큘러스 부케 헤어밴드

붉은 라넌큘러스와 잔잔한 들꽃과 라피아 리본으로 만들어 색상은 강하지만,
내추럴한 느낌의 헤어밴드입니다.
레드 컬러가 어느 의상이든 포인트로 잘 어울린답니다.

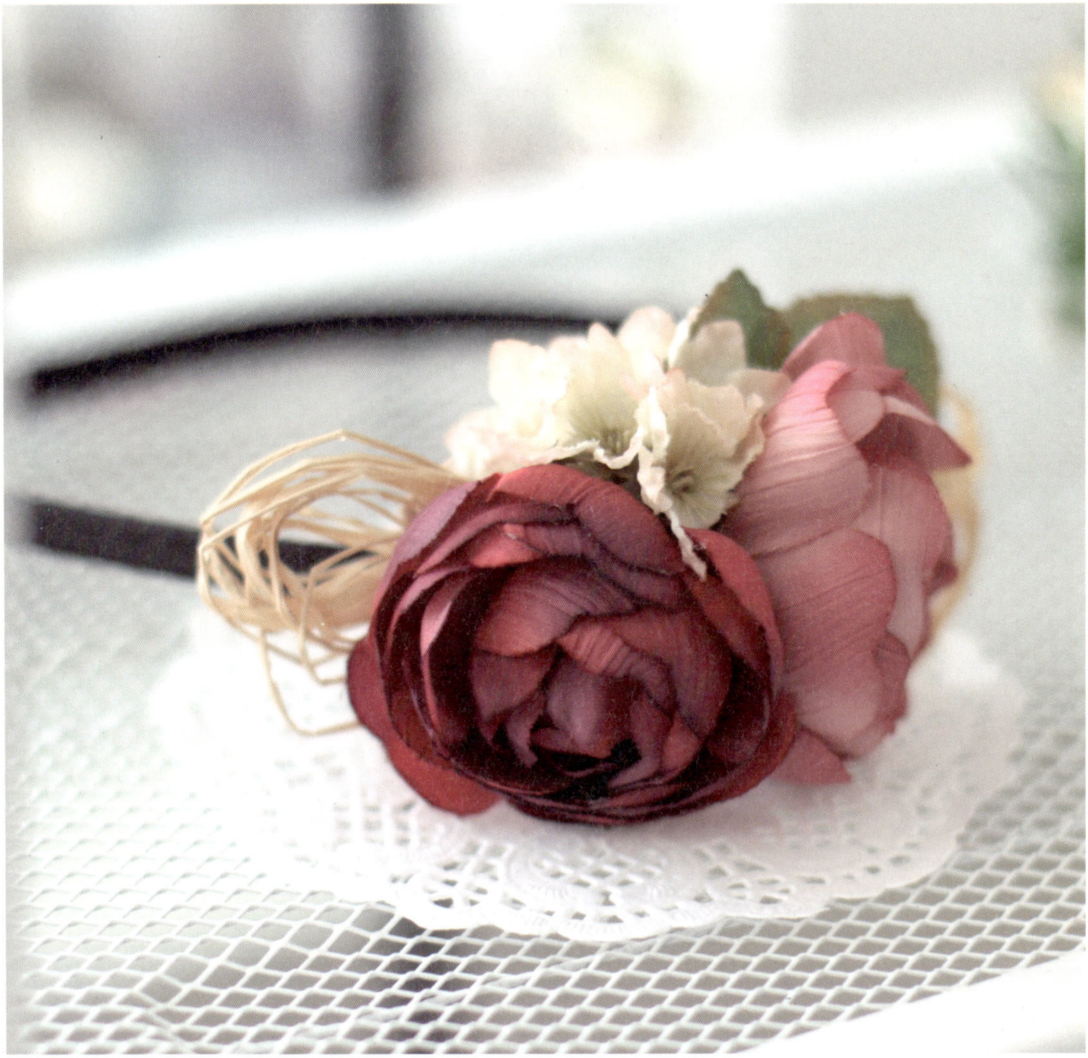

꽃으로 만든 헤어밴드

• 079 •

레드 라넌큘러스, 분홍 라넌큘러스, 아이보리 들꽃 5송이,
잎사귀 2장, 라피아 리본, 머리띠, 부직포

도구 글루건

HOW

TO

MAKE

01 길이 10cm의 라피아 리본을 만듭니다
(라피아 리본 만들기는 기본 테크닉 참조).
리본 모양으로 7cm 길이로 부직포 2장을 자
르고, 라피아 리본에 1장을 글루건으로 붙여
줍니다.

02 사진과 같이 라피아 리본 중심에 잎사
귀 2장을 붙여줍니다.

03 잎사귀 옆에 아이보리 들꽃 5송이를
촘촘히 붙여줍니다.

04 잎사귀 쪽으로 레드 라넌큘러스를 붙
여줍니다.

05 아이보리 들꽃 쪽에는 핑크 라넌큘러
스를 붙여줍니다.

06 머리띠 끝쪽에서 7cm 떨어진 지점을
시작으로 꽃장식을 붙여줍니다.

07 머리띠 안쪽 부직포에 글루건을 쏘아
나머지 부직포를 붙여 마감합니다.

08 라넌큘러스 부케 헤어밴드 완성입니다.

02

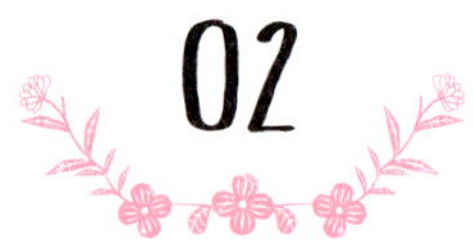

로맨틱 레이스 헤어밴드

여자들의 영원한 로망 레이스, 리본, 꽃.
이 낭만적인 소재가 모두 어우러져 쉐비풍의 헤어밴드가 탄생했습니다.

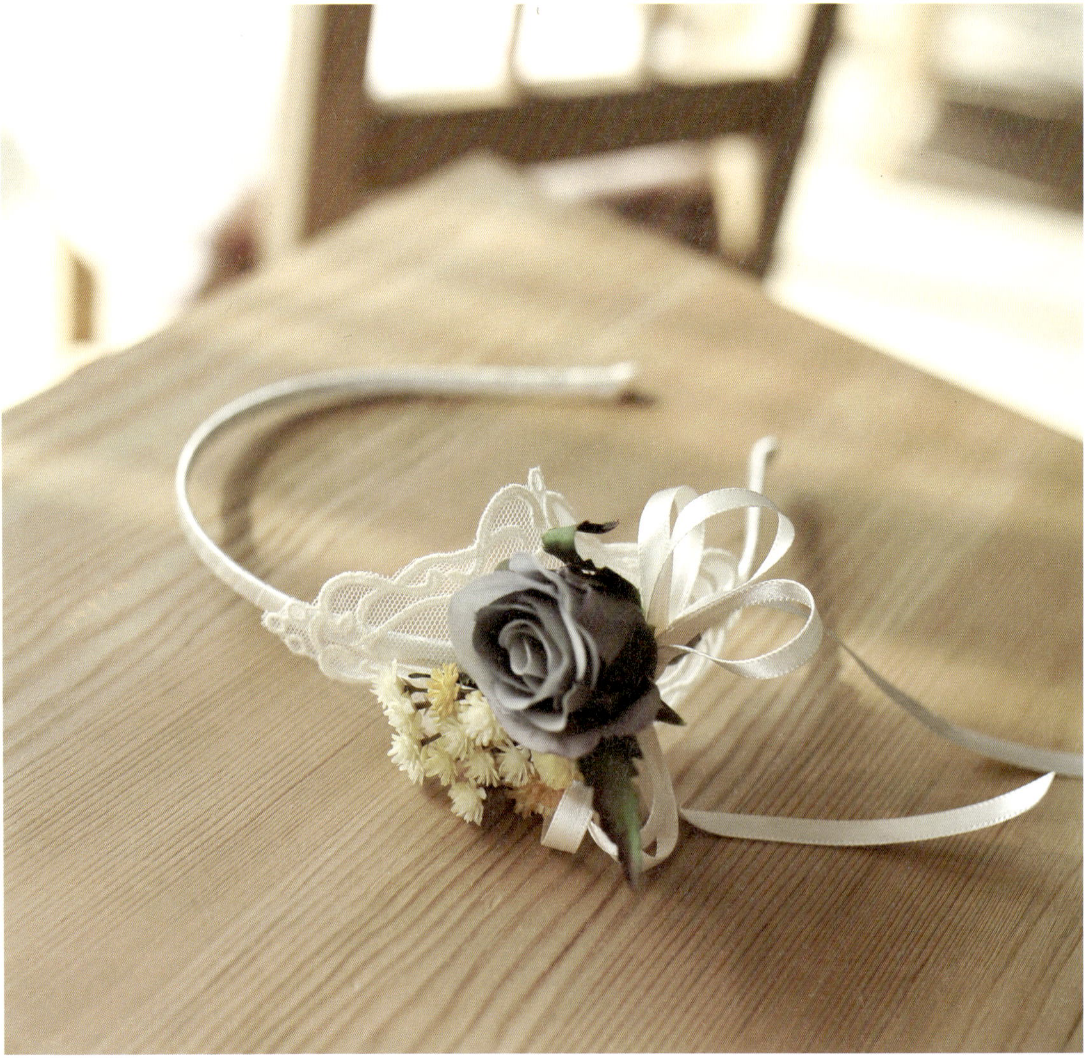

꽃으로 만든 헤어밴드

빈티지 장미 1송이, 노랑 안개꽃 여러 송이, 마름모 레이스 1장, 아이보리 공단 리본, 머리띠

도구 글루건, 리본 와이어, 니퍼

HOW

TO

MAKE

01 빈티지 장미와 노랑 안개꽃을 와이어
로 묶어 작은 꽃다발을 만들어줍니다.

02 아이보리 공단 리본을 40cm로 자른
뒤, 3개의 겹 리본을 만들어둡니다.

03 머리띠 끝쪽에서 7cm 떨어진 지점을
시작으로 마름모 레이스를 글루건으
로 붙여줍니다.

04 레이스 중심에 만들어둔 꽃장식을 글
루건으로 붙여줍니다.

05 만들어놓은 겹 리본을 꽃장식의 줄기
부분에 붙여줍니다.

06 로맨틱한 레이스 헤어밴드 완성입니다.

백조의 호수 헤어밴드

실크플라워의 특징 중 하나, 중 하나는 세상에 없는 컬러의 꽃을 만들 수 있다는 거예요.

그레이 꽃이 너무나 매력적이네요.

그레이 톤의 수국이 깃털과 진주와 매치되어 아주 우아한 헤어밴드로 디자인되었습니다.

특별한 날, 길게 늘어뜨린 긴 생머리에 단정하게 연출해보세요. 어느 누구보다 더 우아하게 빛이 날 거예요.

꽃으로 만든 헤어밴드

그레이 수국(큰 꽃 2장, 중간 꽃 2장, 작은 꽃 1장), 깃털 2장,
실버 컬러의 모조진주, 실버 공단 리본, 머리띠

도구 글루건

**HOW
TO
MAKE**

01 수국 큰 꽃 2장을 서로 겹쳐서 글루건
으로 붙여줍니다.

02 글루건으로 쏘아 중심에 실버 컬러 모
조진주를 붙여줍니다.

03 중간 꽃도 같은 방법으로 만들고, 작은
꽃은 중심에 실버컬러 모조진주를 붙
여줍니다.

04 큰 꽃장식에 중간 꽃장식을 사진과 같은 위치에 붙여줍니다.

05 아래쪽에 작은 꽃 장식도 붙여줍니다.

06 머리띠 끝에서 9cm 떨어진 지점에 깃털 2장을 붙여줍니다.

07 20cm 길이의 실버 공단 리본을 반을 접어 리본 와이어로 묶어 리본을 만들고, 깃털 끝쪽에 리본을 붙여줍니다.

08 사진과 같이 리본이 살짝 겹치게 만들어놓은 꽃장식을 붙여줍니다.

09 우아한 백조의 호수 헤어밴드 완성입니다.

꽃으로 만든 헤어밴드

브리즈 걸 헤어밴드

아이보리 꽃, 연 핑크 꽃, 연 블루 꽃, 큰 꽃, 작은 꽃…….
파스텔 톤의 꽃을 아끼지 않고 한가득 담았습니다.
여러 꽃들에 작은 진주를 매치해서 아름다움을 더 했답니다.
소녀풍의 레이스원피스와 함께 더욱 사랑스럽게 연출해보세요.

꽃으로 만든 헤어밴드

블루 수국(큰 꽃 2장, 작은 꽃 3장), 아이보리 수국(큰 꽃 2장, 작은 꽃 4장),
연핑크 수국(큰 꽃 2장, 작은 꽃 4장), 잎사귀 2장, 머리띠, 핵진주, 부직포 1장

도구 글루건

HOW

TO

MAKE

01 수국 작은 꽃을 다른 컬러로 2장 겹처
서 중심에 글루건을 쏘아 붙여줍니다.

02 만들어진 작은 꽃장식에 진주를 붙여
줍니다.

03 같은 방법으로 작은 꽃장식을 4개 만
듭니다.

04 큰 꽃장식은 같은 컬러로 '큰 꽃 2장 → 작은 꽃 1장'의 순서로 겹쳐서 붙이고, 중심에 진주를 붙여줍니다.
3가지 컬러의 꽃장식을 만들어둡니다.

05 부직포를 가로 22cm, 세로 1.5cm의 사이즈로 잘라서, 양쪽 끝에 잎사귀를 붙여줍니다.

06 부직포의 중간에 연핑크 큰 꽃장식을 붙여줍니다.

07 사진과 같이 연핑크 큰 꽃장식을 중심으로 연블루 큰 꽃장식과 아이보리 큰 꽃장식을 붙여줍니다.

08 큰 꽃장식 사이에 빈곳에 작은 꽃장식을 붙여둡니다.

09 머리띠 중심에 꽃장식의 중심을 붙여줍니다.

10 봄바람 같은 소녀풍의 브리즈 걸 헤어밴드가 완성되었습니다.

05

빈티지 장미 헤어밴드

청바지에 흰 티셔츠, 올림머리를 한 자유스러운 스타일에 잘 어울리는 빈티지 장미 헤어밴드.
캐주얼 차림에도 여성스러움을 잃지 않도록 포인트가 되어줄 아이템입니다.

꽃으로 만든 헤어밴드

빈티지한 컬러의 장미 2송이, 2줄 고무밴드형 머리띠, 원 모양 부직포 2개

도구 글루건

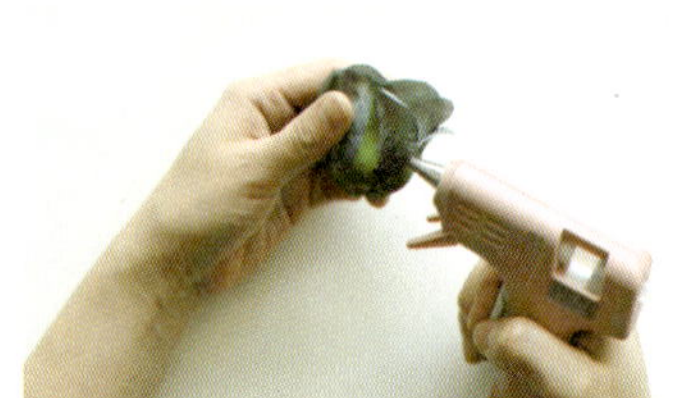

01 빈티지 장미 옆쪽에 글루건을 쏘아줍
니다.

02 다른 빈티지 장미를 붙여줍니다.

03 붙여놓은 빈티지 장미 장식에 원 모양
부직포를 사진과 같이 붙여둡니다.

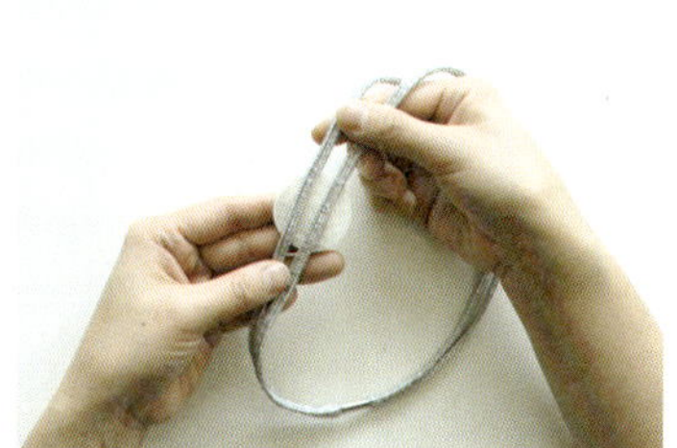

04 2줄 고무형 밴드 머리띠 마감 부분에서 6cm 떨어진 부분에 다른 원 모양 부직포를 붙여줍니다.

05 머리띠의 부직포에 빈티지 장미장식의 부직포를 모양이 일치하도록 붙여줍니다.

06 빈티지 장미 헤어밴드 완성입니다.

섬머 플라워 헤어밴드

들판의 푸른 식물들을 엮어 만들었어요.
초록이들로 꾸며진 머리띠를 착용하여 잠시나마 여름의 뜨거운열기를 식혀보세요.
한낮의 뜨거움이 시작되기 전 시원한 여름의 아침처럼
섬머 플라워 헤어밴드로 싱그러운 하루를 연출해보세요.

잎줄기, 찔레장미, 잔잔한 작은 꽃, 블루베리, 라피아 리본, 스웨이드 리본, 머리띠

도구 글루건, 와이어

HOW
TO
MAKE

01 머리띠의 끝쪽 7cm 떨어진 지점에서 잎줄기를 와이어로 고정합니다.

02 잔잔한 작은 꽃을 글루건으로 붙여줍니다.

03 그다음 블루베리를 붙여줍니다.

04 다시 잔잔한 작은 꽃을 붙여줍니다.

05 사진과 같이 찔레장미를 붙여줍니다.

06 스웨이드 리본을 9cm 길이로 자르고, 스탬프를 찍어 장식한 후 3분의 2 지점에 사진과 같이 접어 글루건으로 붙여줍니다.

07 질레장미 아래쪽에 스웨이드 리본 장식을 붙여줍니다.

08 라피아 리본을 찔레장미와 스웨이드 리본 사이에 붙여줍니다(라피아 리본 만들기는 기본 테크닉 참조).

09 여름의 싱그러움이 가득한 섬머 플라워 헤어밴드 완성입니다.

아쿠아마린 헤어밴드

바다 빛을 품은 푸른 꽃으로 시원하고 풍성한 꽃 머리띠를 만들어보세요.
하얀 원피스와 매치하여 코디하는 것만으로 더위를 탈출하는 것 같네요.

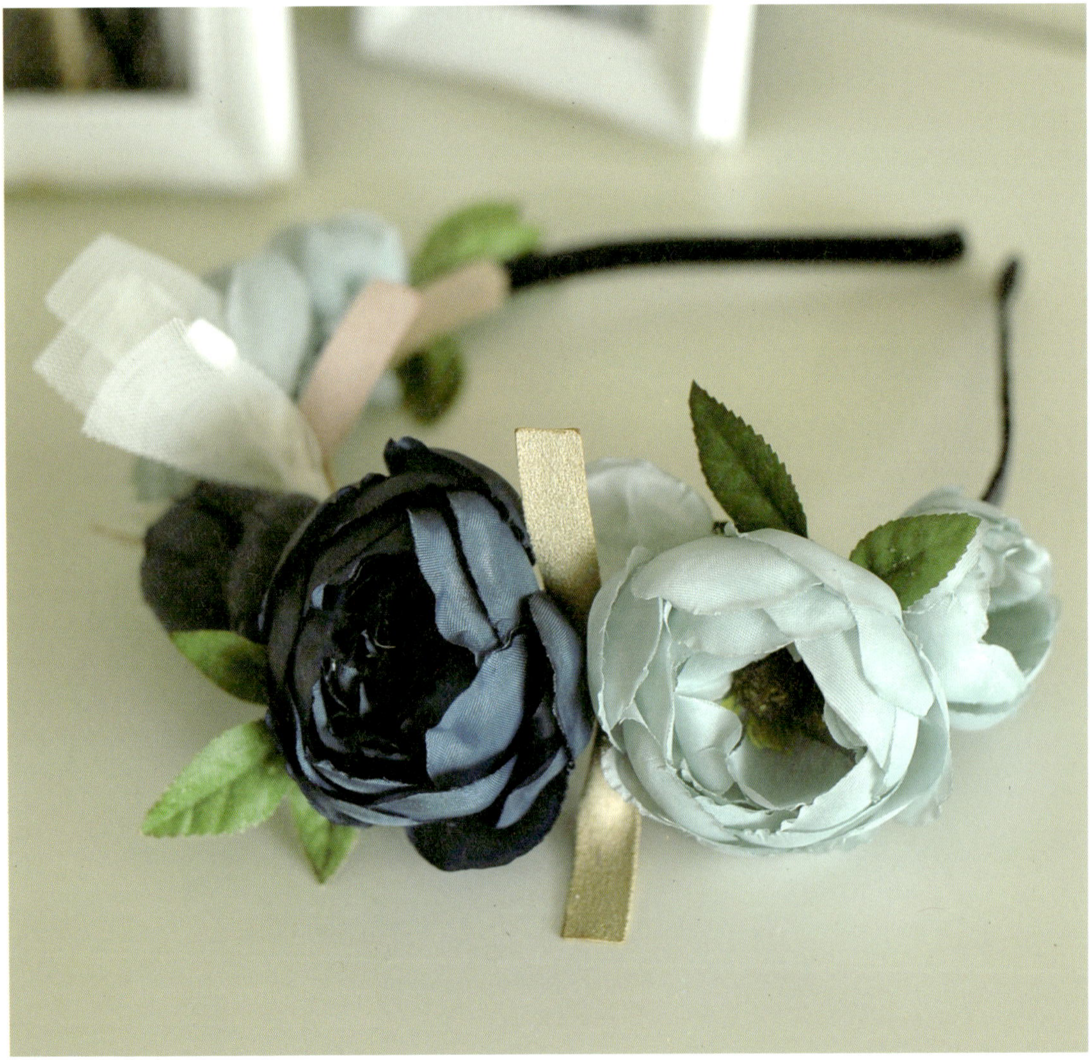

꽃으로 만든 헤어밴드

남색 라넌큘러스(큰 꽃 1송이, 작은 꽃 2송이), 옥색 라넌큘러스(큰 꽃 2송이, 작은 꽃 2송이), 작은 잎줄기 3개,
머리띠, 연핑크 스웨이드 리본, 베이지 컬러 스웨이드 리본, 아이보리 공단 리본, 샤 원단

도구 글루건

HOW

TO

MAKE

01 머리띠의 중심에서 왼쪽 부분 시작 지
점에 남색 라넌큘러스 큰 꽃을 글루건
으로 붙이고, 오른편에 남색 라넌큘러스 작
은 꽃을 글루건으로 붙여줍니다.

02 붙여놓은 남색 라넌큘러스에서 3cm
떨어진 지점에 옥색 라넌큘러스 큰 꽃
과 작은 꽃을 붙여줍니다.

03 남색 라넌큘러스 큰 꽃 옆에 옥색 라넌
큘러스 큰 꽃과 작은 꽃을 붙여줍니다.

04 라넌큘러스 큰 꽃 옆쪽에 사진과 같이 잎줄기를 붙여줍니다.

05 머리띠 끝쪽 3cm 되는 지점에 남색 라넌큘러스 작은 꽃을 붙이고, 사진과 같이 샤 리본과 분홍 스웨이드 리본을 묶어줍니다. 그리고 베이지 컬러의 스웨이드 리본을 묶어줍니다.

06 시원한 아쿠아마린 헤어밴드가 완성되었습니다.

유칼리 장미 번들 헤어밴드

작은 꽃다발을 연상하게 하는 머리띠입니다.
유칼리 잎사귀와 빈티지 장미, 작은 꽃송이와 열매로 디자인되어
화려한 꽃 머리띠와 달리 상큼한 매력으로 다가오네요.

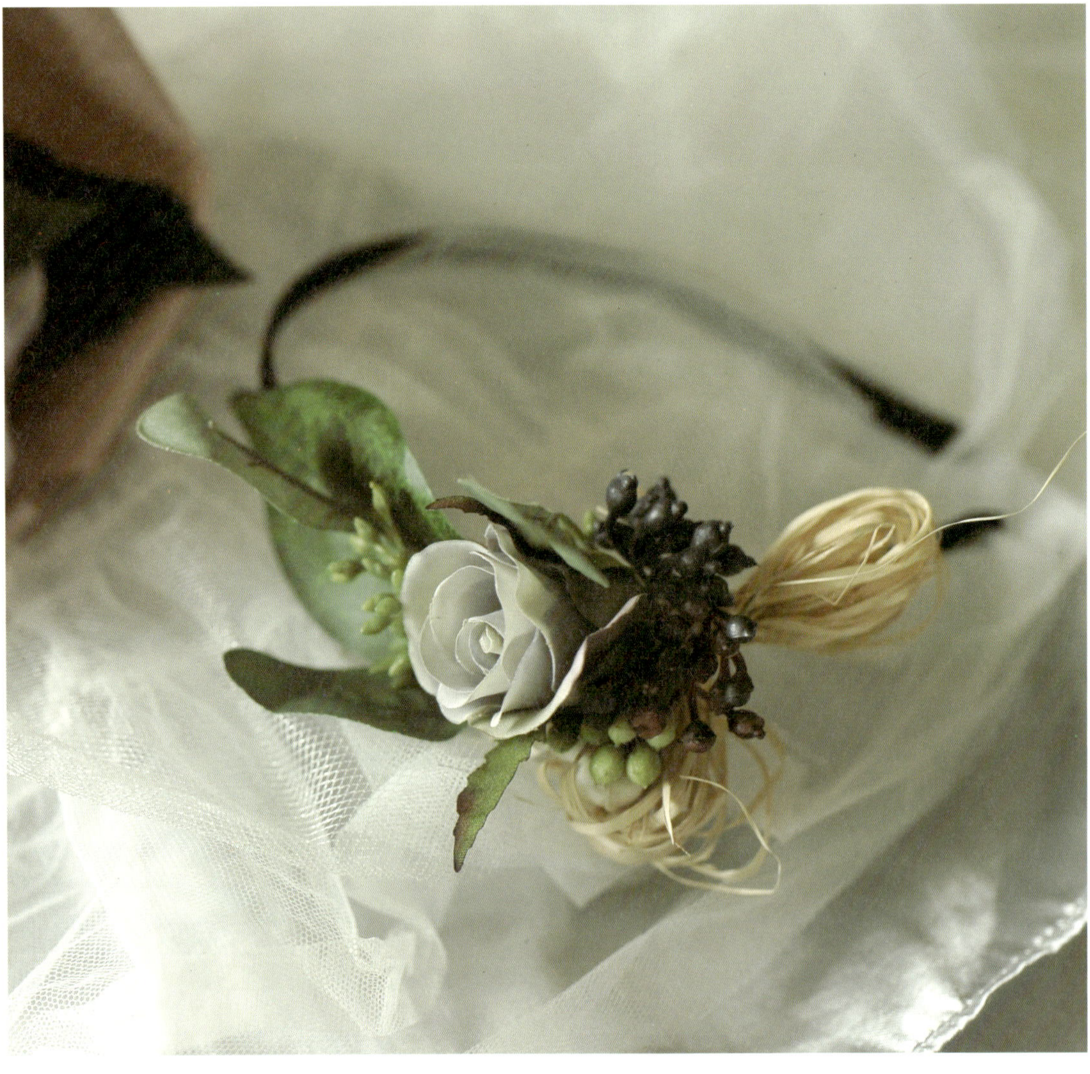

꽃으로 만든 헤어밴드

유칼리 잎줄기, 잎사귀, 빈티지 장미, 왁스플라워, 블루베리, 라피아 리본, 머리띠, 스웨이드 리본

도구 글루건

HOW

TO

MAKE

01 머리띠 끝쪽에서 7cm 떨어진 지점에
    잎사귀를 글루건으로 붙여줍니다.

02 유칼리 잎줄기를 붙여놓은 잎사귀의
    아래쪽에 붙여줍니다.

03 유칼리 잎줄기 사이에 왁스플라워를
    붙여줍니다.

04 사진과 같은 위치에 빈티지 장미와 블루베리를 붙여줍니다.

05 블루베리 아래쪽에 라피아 리본을 붙여줍니다.

06 꽃장식이 달린 머리띠 뒤쪽에 스웨이드 리본을 붙여 마무리합니다.

07 유칼리 장미번들 헤어밴드 완성입니다.

캐러멜 베이비 헤어밴드

달콤하고 말랑한 캐러멜을 닮은 헤어밴드입니다.
올림머리를 할 때 잔머리를 단정하게 정리하고,
포인트로 연출하기에 좋은 밴드형 머리띠입니다.

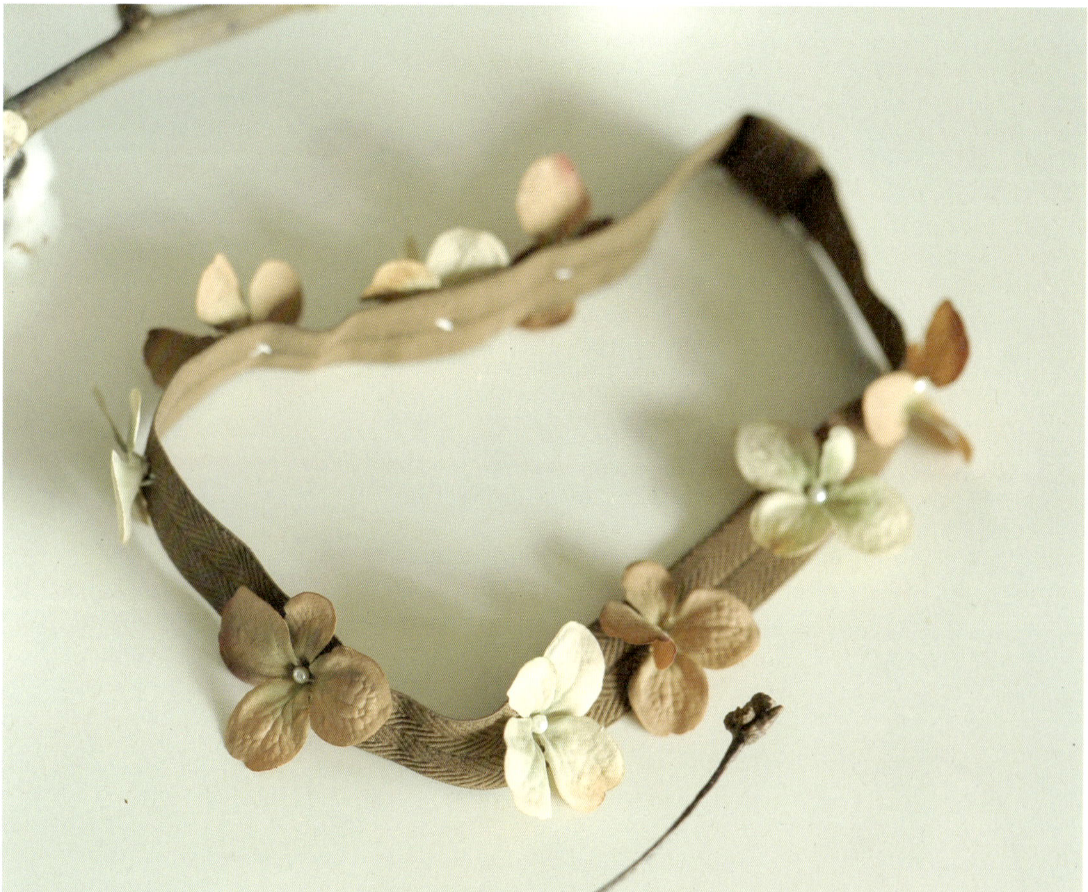

꽃으로 만든 헤어밴드

고무밴드형 리본, 브라운 톤의 작은 수국(옅은 색 4장, 짙은 색 5장), 진주

도구 글루건, 양면테이프, 실, 바늘

HOW

TO

MAKE

01   고무밴드형 리본은 22cm 길이로 준비
합니다. 브라운 수국을 짙은 색, 옅은
색 순서로 번갈아서 놓고, 고무밴드형 리본
양쪽 끝 6cm씩 남기고, 바느질 자리를 정하
고 표시합니다.

02   고무밴드형 리본에 표시된 부분에 바
느질을 해서 수국과 진주를 달아줍니
다(기본 테크닉 참조).

03   고무밴드형 리본 양쪽 끝을 겹쳐 바느
질을 하고, 엘라스틱 고무밴드 4cm를
잘라서 한쪽에 양면테이프를 붙입니다.

04 고무밴드형 리본의 연결된 부분에 4cm
고무밴드형 리본을 감싸서 붙여줍니다.

05 사랑스러운 캐러멜 베이비 헤어밴드
완성입니다.

10

큐티 플로리 헤어밴드

베이비핑크 컬러가 솜사탕처럼 포근포근합니다.
디자인은 심플하지만, 달콤함을 사랑하는 아이처럼 귀여운 헤어밴드입니다.

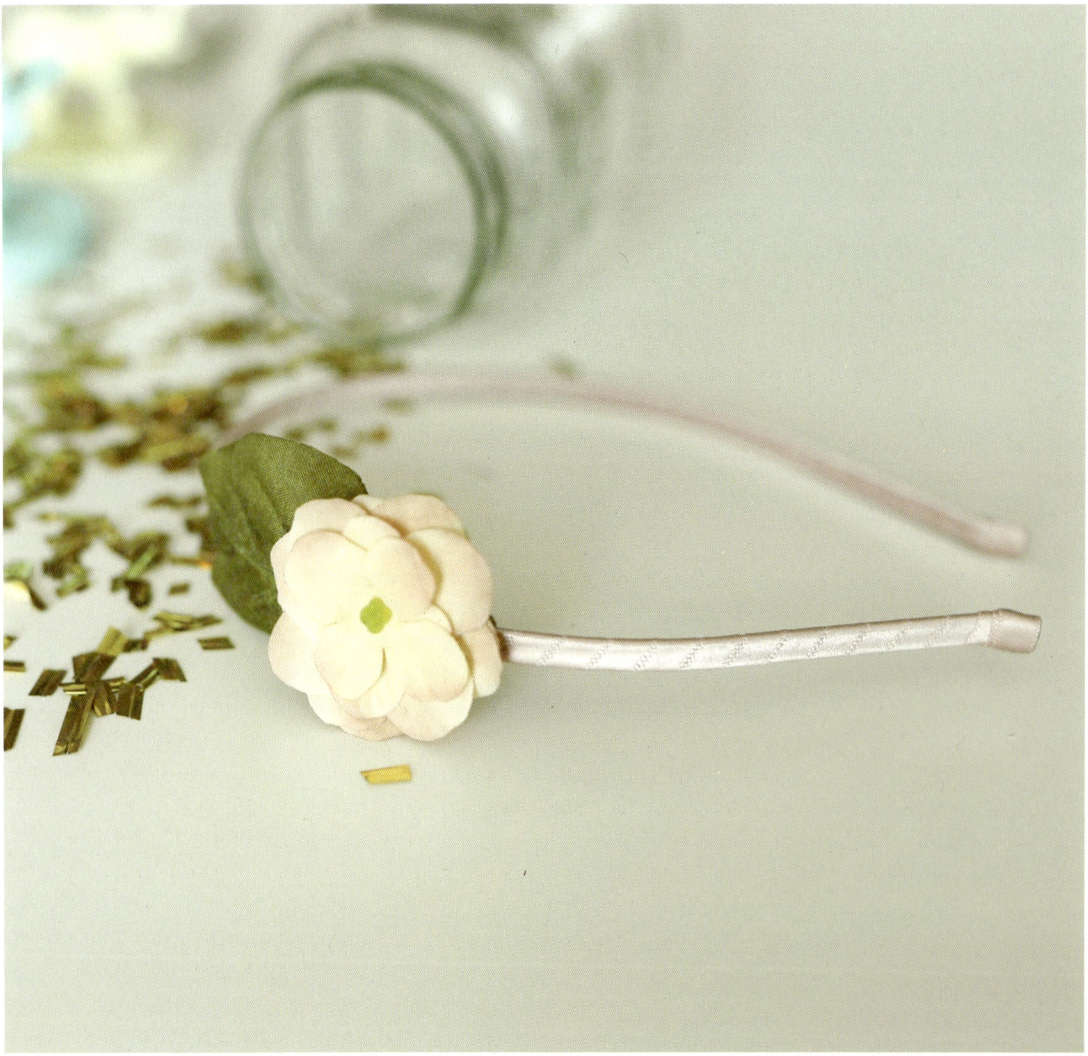

꽃으로 만든 헤어밴드

드라이 수국(큰 꽃 3송이, 작은 꽃 2송이), 잎사귀, 머리띠, 부직포 2장

도구 글루건

HOW

TO

MAKE

01 수국의 중간에 있는 수술을 작은 꽃 하나만 빼고 모두 빼냅니다.

02 수국을 '큰 꽃 3송이 → 작은 꽃 2송이'의 순서로 겹쳐서 사진과 같이 남겨둔 작은 꽃 수술에 모두 끼웁니다.

03 부직포를 가도 2.5cm, 세로 1.5cm의 크기로 2장 준비합니다. 그 중 1장에 잎사귀를 글루건으로 붙여줍니다.

붙여둔 잎사귀위로 만들어둔 꽃송이를 붙여줍니다.

머리띠 한쪽 끝에서 7cm 떨어진 지점에서 꽃장식이 시작되게 붙여줍니다.

머리띠 안쪽에 남은 부직포를 붙여줍니다.

사랑스러운 큐티 플로리 헤어밴드 완성입니다.

투 톤 플라워 헤어밴드

연보라와 민트색이 오묘하게 어우러진 투 톤 컬러의
빈티지한 수국으로 디자인된 헤어밴드입니다.
꽃 액세서리지만, 저채도의 두 가지 컬러가
잘 믹스되어 세련된 느낌을 줍니다.

빈티지 수국(큰 꽃 5송이, 작은 꽃 7송이) 잎사귀 2장, 머리띠, 부직포 2장

도구 글루건

01 부직포를 가로 3~2cm, 세로 10cm 크 기로 잘라주고, 3cm의 넓은 부분에 잎 사귀 2장을 글루건으로 붙여줍니다.

02 잎사귀 부분에 글루건을 쏘아줍니다.

03 수국 큰 꽃을 1송이를 붙여줍니다.

04 붙여둔 수국 양쪽에 수국 큰 꽃 1송이씩을 사진과 같이 붙여줍니다.

05 사진과 같이 수국 큰 꽃 1송이를 붙여주고, 수국 큰 꽃 1송이를 4개의 꽃송이의 중심에 붙여줍니다.

06 수국 작은 꽃 1송이를 큰 꽃 아래쪽에 붙여줍니다.

07 수국 큰 꽃장식과 같은 방법으로 작은 꽃 5송이를 붙여줍니다.

08 남은 수국 작은 꽃 2송이 중, 수국 1송이를 붙여줍니다.

09 나머지 작은 꽃 1송이를 붙여주면, 꽃장식이 완성됩니다.

10 머리띠의 끝쪽에서 7cm 떨어진 지점에서부터 꽃장식을 붙여줍니다.

11 머리띠 안쪽 부직포 부분에 글루건을 쏘아줍니다.

12 부직포 나머지 1장을 붙여서 마무리합니다.

13 세련된 컬러의 투 톤 플라워 헤어밴드 완성입니다.

펄 수국 헤어밴드

탐스러운 수국다발이 진주헤어밴드와 함께 디자인되어
페미니하고 로맨틱한 분위가 느껴집니다.
레이스 드레스와 너무나 잘 어울릴 것 같아요.

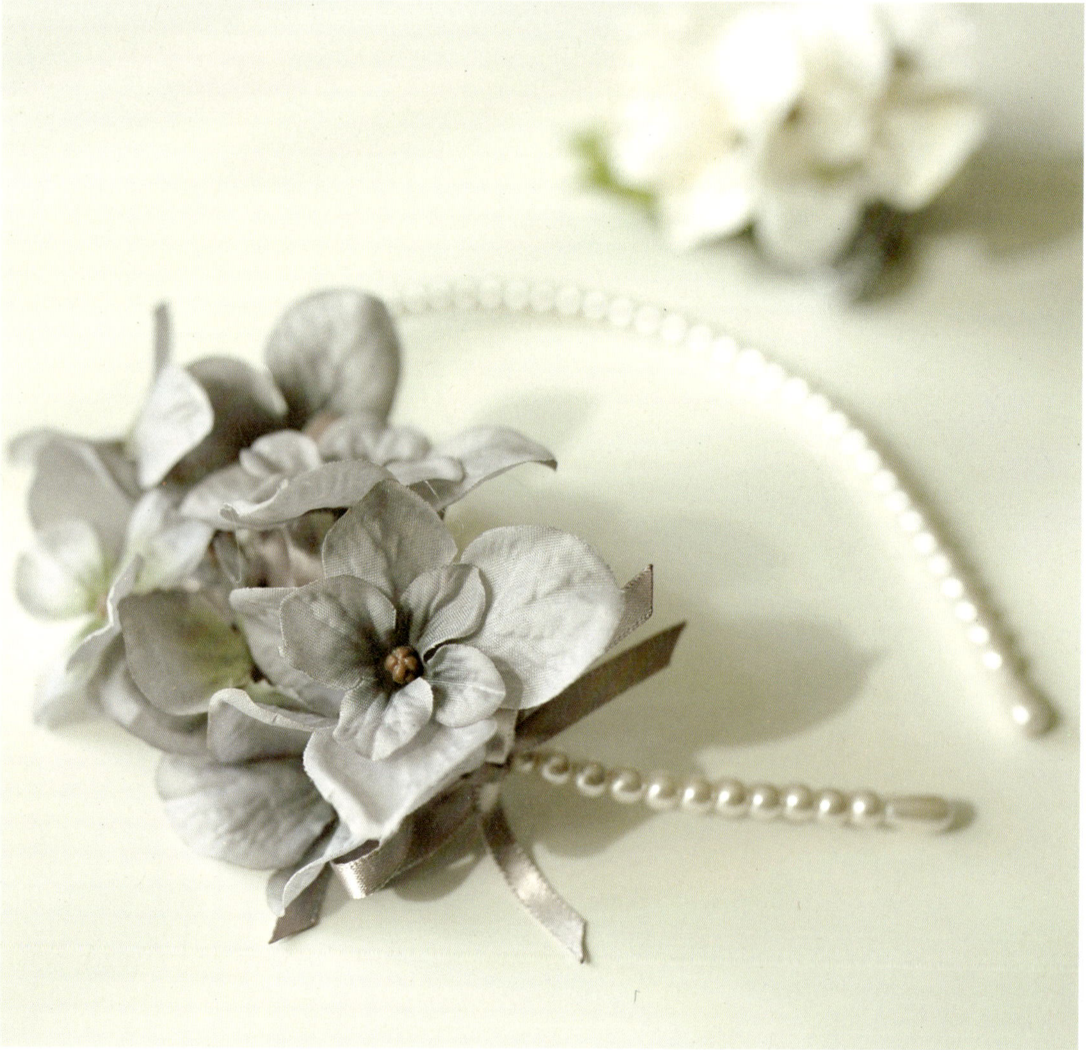

Ready

수국 3줄기, 진주머리띠, 인디핑크 공단 리본

도구 글루건, 리본 와이어

HOW TO MAKE

01 가로 5cm 크기가 되도록 리본 4개를 만듭니다.

02 머리띠의 끝부분에서 6cm 떨어진 지점에 수국 줄기 1개를 와이어로 묶습니다.

03 수국을 묶은 부분에 글루건으로 공단 리본을 붙여줍니다.

04 붙여놓은 공단 아래쪽에 다시 수국 1 줄기를 와이어로 묶어주고, 수국을 묶은 부분에 공단 리본을 붙여줍니다.

05 마지막으로 남은 수국 줄기를 붙이고, 남은 리본 2개를 수국 줄기에 붙여주면, 펄 수국 헤어밴드 완성입니다.

꽃으로 만든 헤어밴드

플로리블라썸 헤어밴드

봄의 하늘빛을 가득 담고 있는 스카이블루 컬러의 꽃장식이 가득한 헤어밴드입니다.
연한 블루 색상의 수국 여러 송이를 겹쳐서 손바느질로 디자인되었습니다.
아이보리 컬러의 소녀풍 원피스와 잘 어울려요.

Floral Hair band

스카이블루 색상의 수국 부직포(큰 꽃 2장, 중간 꽃 5장, 작은 꽃 3장),
잎사귀 2장, 부직포(가로 11cm, 세로 3cm) 2장, 머리띠

도구 글루건, 바늘, 실(연두색 자수실)

HOW

TO

MAKE

01 수국 큰 꽃 2장, 중간 꽃 1장, 작은 꽃
    1장을 준비합니다.

02 수국은 '큰 꽃 1장 → 큰 꽃 1장 → 중
    간 꽃 1장 → 작은 꽃 1장'의 순서대로
    사진과 같이 겹쳐서 쌓아 올립니다. 꽃잎 중
    심 부분에 준비한 바늘과 실로 +모양이 되
    도록 바느질하여 고정합니다.

03 바느질된 모습

04 수국 중간 꽃 2장, 작은 꽃 1장을 준비
합니다.

05 수국을 '중간 꽃 1장 → 중간 꽃 1장 →
작은 꽃 1장'의 순서대로 쌓아 3번과 같
이 중심에 +자 모양으로 바느질하여 고정합
니다. 똑같은 모양으로 1개 더 만들어줍니다.

06 꽃 코사지 3개를 준비합니다.

07 부직포(가로 11cm, 새로 3cm)를 세로로
두고 잎사귀 2장을 사진과 같이 글루
건으로 붙입니다.

08 '작은 꽃 코사지 → 큰 꽃 코사지 → 작
은 꽃 코사지' 순서대로 부직포에 글루
건으로 붙여 고정합니다.

09 작은 꽃 코사지를 사진과 같이 양쪽 끝
에 먼저 글루건으로 붙여 고정합니다.

10 큰 꽃 코사지를 작은 꽃 코사지 사이에
올려놓는 듯 붙여서 고정하여 꽃장식
을 완성합니다.

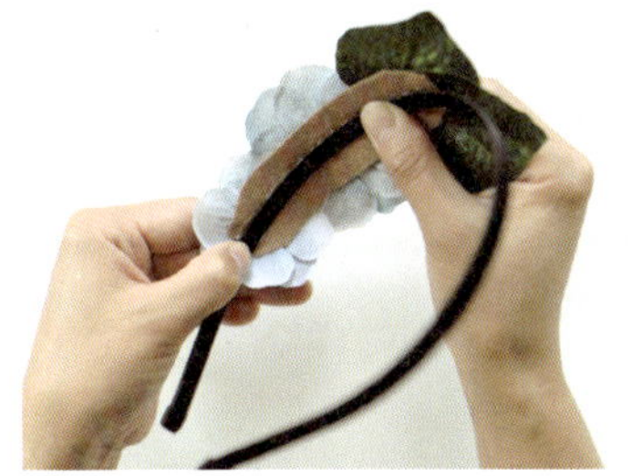

11 머리띠의 중심의 아래쪽에 만들어놓
은 꽃장식을 글루건으로 붙입니다.

12 나머지 부직포 1장을 사진과 같이 글
루건으로 붙여 마무리합니다.

13 플로리블라썸 헤어밴드가 완성되었습
니다.

머리띠의 꽃장식을 머리띠 대신 고무밴드형
머리띠에 붙여서 돌아기들의 헤어액세서리로
추천합니다.

허브 라벤더 헤어밴드

들판 가득한 라벤더 향기가 내 마음을 흔듭니다.
라벤더 들판 가운데 서 있으면 잔잔한 물결처럼 마음이 안정이 됩니다.
마음을 편안하게 만들어주는 허브 라벤더와 릴리로 꾸몄습니다.
몸과 마음이 단정해지고, 차분해지는 기분이 듭니다.

Ready

라벤더 4줄기, 릴리 2송이, 샤 리본, 보라색 라피아 리본, 머리띠

도구 글루건, 와이어, 니퍼

HOW
TO
MAKE

01 사진과 같이 라벤더 2줄기를 줄기 쪽이 겹치도록 놓고, 와이어로 고정합니다.

02 만들어놓은 라벤더 묶음에 작은 라벤더와 릴리를 겹쳐서 와이어로 묶어둡니다.

03 와이어로 묶은 부분에 글루건을 쏘아 줍니다.

보라색 라피아 리본을 사진과 같이 붙여줍니다(라피아 리본은 기본 테크닉 참조).

가로 2.5cm, 세로 6cm의 샤 리본 중심에 와이어로 감아 리본을 만듭니다.

머리띠의 끝쪽 7cm 지점에 샤 리본을 붙여줍니다.

샤 리본 중심에 만들어놓은 라벤더 장식의 중심을 붙여줍니다.

향기 가득 허브 라벤더 헤어밴드 완성입니다.

❀ Floral Corsage ❀

PART 03

꽃으로 만든 코사지

라벤더 향기 코사지

허브농장 들판을 보랏빛으로 물들이는 라벤더.
라벤더와 광목 리본이 잘 어울리는 순수한 소녀가 생각나네요.
라벤더 향기 코사지를 깨끗한 린넨 원피스와 매치하면 프로방스한 분위기를 한층 더해줍니다.

꽃으로 만든 코사지

라벤더, 광목 리본, 라피아, 브로치핀, 부직포

도구 글루건, 와이어

HOW
TO
MAKE

01 사진과 같이 라벤더 2송이를 줄기 쪽이
겹쳐지도록 놓고 와이어로 고정합니다.

02 만들어놓은 라벤더 묶음에 작은 라벤
더를 겹쳐서 글루건으로 붙여둡니다.

03 광목 리본으로 리본을 만들어주고, 끝
쪽을 풀리지 않게 글루건으로 접어 붙
여 마무리합니다.

04 만들어놓은 라벤더 묶음에 라피아 리본을 붙여줍니다.

05 라피아 리본 위에 광목 리본을 붙여줍니다.

06 부직포를 글루건으로 붙여줍니다.

07 부직포에 브로치핀을 붙여줍니다.

08 라벤더 향기 코사지 완성입니다.

레몬플라워 코사지

우울한 기분을 떨쳐버리고 싶을 때 코사지 하나를 가슴에 또는 가방에 달아주세요.
코사지 장식 하나로 기분이 업 되는 느낌이 든답니다.
새콤한 레몬 컬러의 꽃이라면 확실한 기분 전환이 되겠지요.

꽃으로 만든 코사지

수국(큰 꽃 4장, 작은 꽃 3장), 잎사귀, 부직포, 코사지핀

도구 글루건

HOW

TO

MAKE

01 수국 큰 꽃 2장, 작은 꽃 2장을 준비합
니다.

02 '작은 꽃 2장+큰 꽃 2장'을 겹쳐 풍성한
꽃을 만듭니다.

03 부직포에 잎사귀를 글루건으로 붙여
줍니다.

04 만들어두었던 풍성한 꽃송이를 반으로 접어 부직포 왼쪽 편에 붙여줍니다.

05 사진과 같이 큰 꽃 1장을 접어 위쪽에 붙여줍니다.

06 나머지 큰 꽃 1장을 접에 아래쪽에 붙여줍니다.

07 작은 꽃 1장을 6번의 사진에서 보이는 자리에 붙여 마무리 합니다.

08 부직포 위에 코사지핀을 글루건으로 붙여줍니다.

09 상큼한 레몬플라워 코사지가 완성되었습니다.

꽃으로 만든 코사지

로즈핑크 코사지

줄기장미가 만발하게 핀 울타리에서 한 송이 꺾어 가슴에 살포시 얹어보세요.
장미는 다른 장식이 없어도 충분히 화려하고 아름답지요.
실크플라워 중에서 퀄리티가 높은 것을 선택해서, 생화보다 더 생화 같은 코사지를 만들어보세요.

꽃으로 만든 코사지

장미, 잎사귀, 부직포, 코사지핀

도구 글루건

01   잎사귀를 사진과 같이 잘라주세요.

02   부직포에 잎사귀를 글루건으로 붙여 줍니다.

03   잎사귀 위에 장미를 붙여줍니다.

04 뒷면 부직포에 코사지핀을 글루건으
로 붙여줍니다.

05 생화보다 더 생화 같은 로즈핑크 코사
지 완성입니다.

스페셜 로즈 코사지

특별한 날, 정성스레 차려 입은 드레스에 포인트로 코디해보세요.
긴 실버 공단 리본과 파스텔 톤의 핑크 장미가 당신을 스페셜하게 만들어줄 거예요.

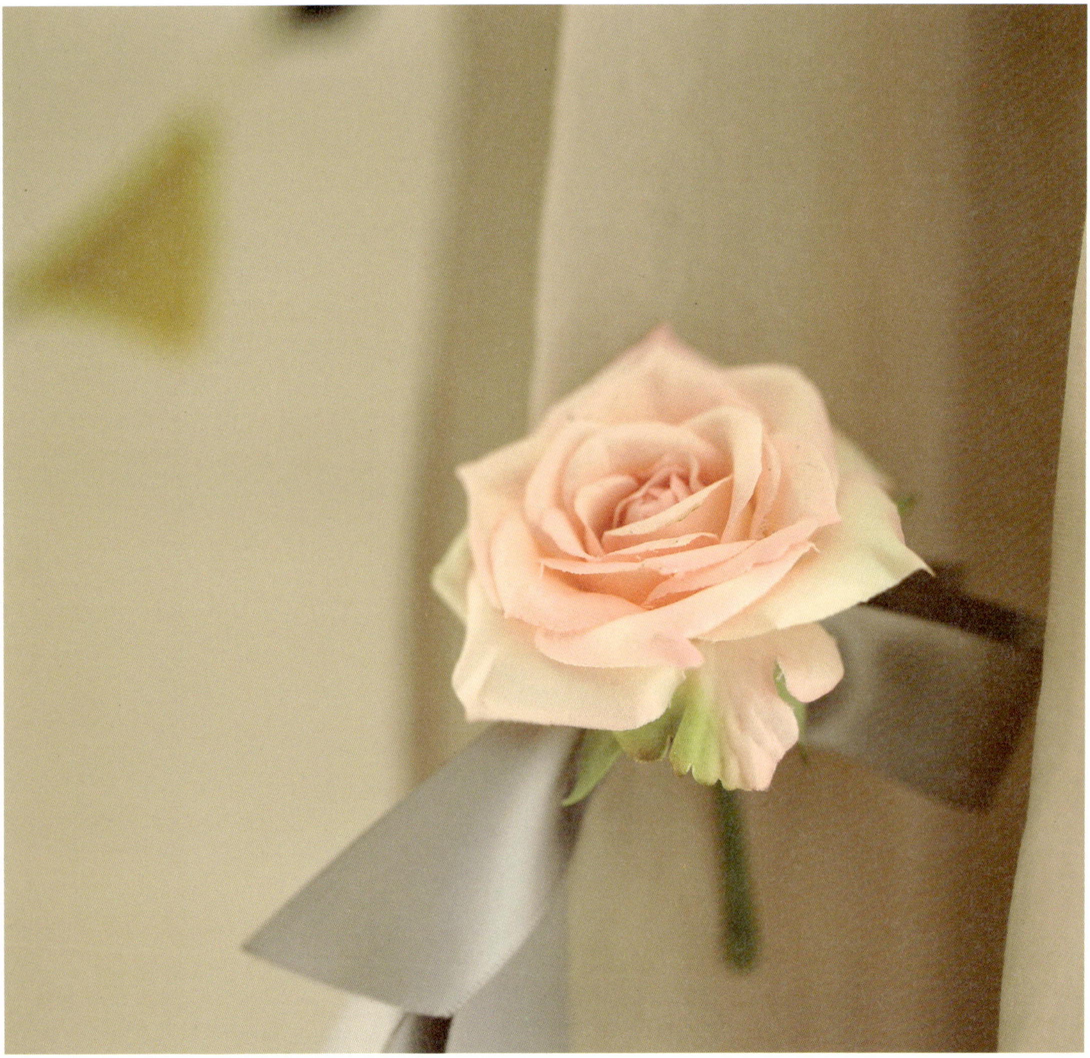

장미, 실버 공단 리본, 부직포, 코사지핀

도구 글루건, 리본 와이어, 니퍼

HOW
TO
MAKE

01 70cm, 30cm 길이의 실버 공단 리본 2
줄을 준비합니다.

02 70cm 리본과 30cm 리본을 반으로 접
었을 때, 끝쪽이 5cm 차이가 나게 접
어줍니다. 사진과 같이 겹쳐서 리본 와이어
로 리본을 만들어줍니다.

03 리본 와이어로 감긴 부분에 짧게 자른
리본으로 감아서 정리합니다.

04 장미꽃 줄기부분에 만들어놓은 실버 공단 리본을 글루건으로 붙여줍니다.

05 사진과 같이 뒷면에 부직포를 붙여줍니다.

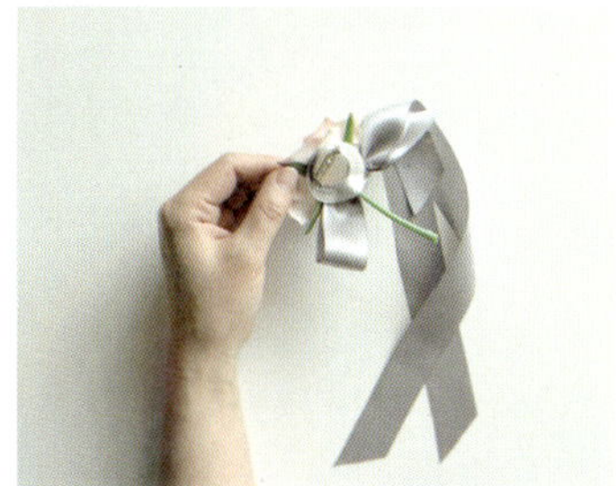

06 부직포 위에 코사지핀을 붙여줍니다.

07 스페셜 코사지 완성입니다.

05

체리블라섬 코사지

파스텔 톤의 연한 봄날, 하늘하늘 레이스같이 풍성하게 피어 있는 벚꽃.
벚꽃 코사지는 소녀풍의 원피스, 에코백, 스카프 어디든 잘 어울린답니다.

수국 한 줄기, 잎사귀, 반짝이 리본, 브로치핀

도구 글루건, 리본와이어

HOW
TO
MAKE

01 잎사귀와 수국 줄기를 와이어로 묶어 줄기 부분을 니퍼로 잘라 정리해줍니다.

02 반짝이 리본은 중간을 묶어 리본을 만들어줍니다.

03 와이어로 묶은 부분에 글루건으로 반짝이 리본을 붙여줍니다.

04 사진과 같이 반짝이 리본 뒤쪽에 브로 05 체리블라섬 코사지 완성입니다.
치핀 붙여줍니다.

PART 04

꽃으로 만든 화관

달리아 화관

아네모네, 달리아, 캐비지 장미. 흔하지 않은 커다란 꽃으로 화려한 화관을 만들어보세요.

나만의 아주 특별한 화관이 된답니다.

특별한 날에는 화관으로, 나의 작은 방을 장식하는 꽃 리스로…….

달리아 화관은 인테리어 소품으로도 손색이 없는 아이템입니다.

꽃으로 만든 화관

아네모네 1줄기, 달리아 1송이, 캐비지 장미 1송이,
봉우리 장미 2송이, 연핑크 장미 1송이, 잎사귀 1줄기

도구 글루건, 와이어, 니퍼

01 여러 가지로 뻗은 아네모네의 줄기를
모아 와이어로 묶어줍니다.

02 아네모네의 줄기를 구부려서 원 모양
을 만들고 와이어로 묶어 고정합니다.

03 뻗어 나온 꽃줄기를 와이어로 묶어서
줄기에 고정합니다.

04 사진과 같은 위치에 캐비지 장미를 와이어로 묶어줍니다.

05 캐비지 장미 위쪽에 봉우리 장미를 와이어로 고정합니다.

06 캐비지 장미 아래쪽에 연핑크 장미를 와이어로 고정합니다.

07 연핑크 장미 아래쪽에 잎사귀 줄기를 글루건으로 붙여줍니다.

08 아네모네 아래쪽에 달리아를 끼우고 글루건으로 고정합니다.

09 튀어 나온 달리아 줄기를 니퍼로 잘라 냅니다.

10 큰 꽃들로 장식되어 있기 때문에 무거워 와이어가 헐거워질 수 있으니, 와이어로 묶어놓은 부분을 글루건으로 한 번 더 단단히 고정합니다.

11 화려한 달리아 화관 완성입니다.

들장미 화관

울타리 담장을 타고 올라가는 들장미.
6월은 장미의 계절입니다.
꽃의 여왕답게 장미의 아름다움은 어느 꽃과 비교해도 훌륭하지요.
아름다운 6월의 들장미 화관을 만들어보세요.

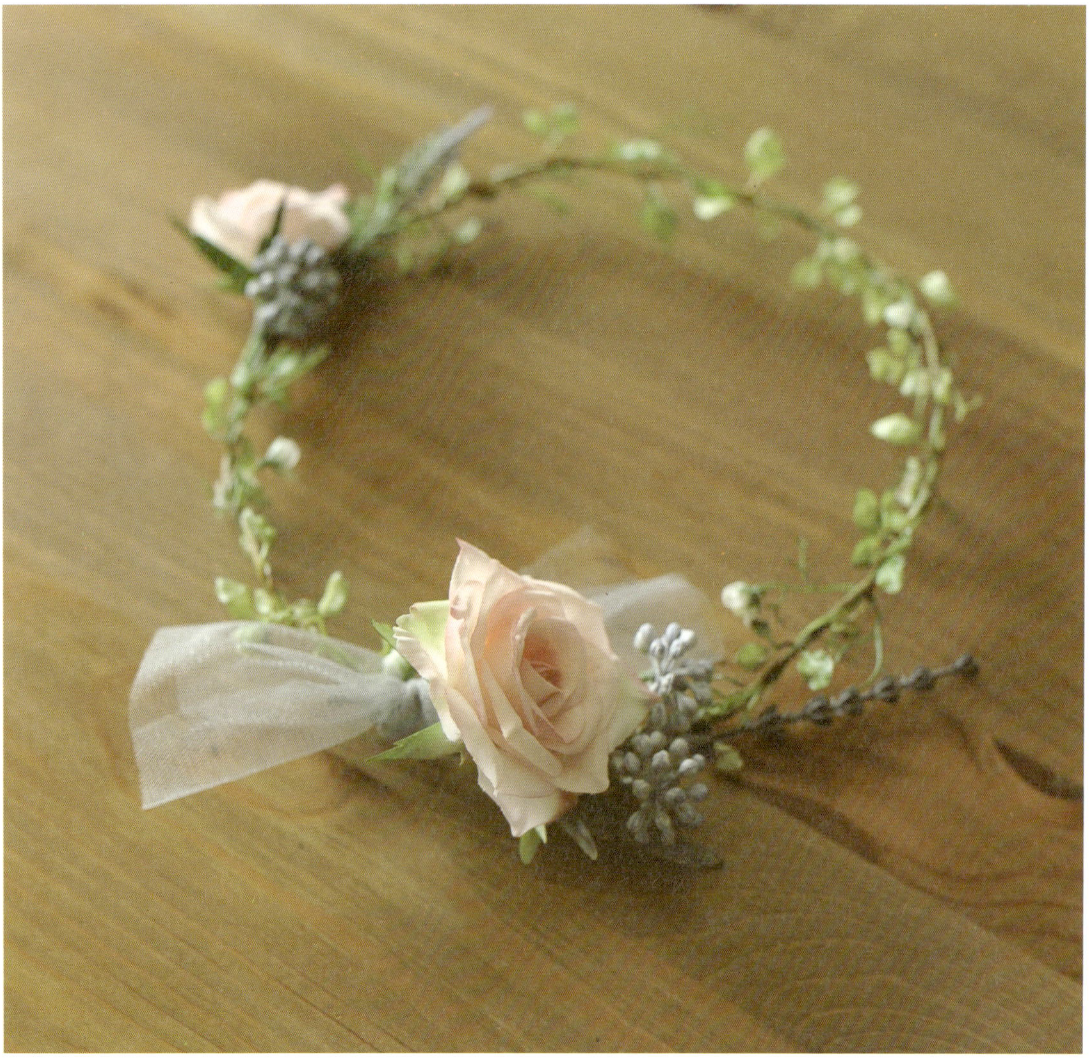

꽃으로 만든 화관
• 163 •

Ready

줄기 로핑, 연핑크 장미 2송이, 봉우리 장미 1송이, 블로초 3송이, 라벤더 2줄기, 샤 리본

도구 글루건, 와이어, 니퍼

HOW
TO
MAKE

01 줄기 로핑을 60cm로 잘라 원 모양이 되도록 고정합니다(로핑은 와이어로 되어 있어 원하는 모양으로 잘 구부려집니다).

02 원 모양의 로핑 두 군데에 꽃 장식을 합니다. 우선 한쪽에 연핑크 장미, 봉우리 장미, 라벤더, 블로초 각각 1송이씩입니다.

03 줄기 로핑의 왼쪽에 라벤더를 와이어로 감아줍니다(와이어 감기는 기본 테크닉 참조).

04 봉우리 장미를 와이어로 감아줍니다.

05 봉우리 장미 바로 밑에 블로초를 감아
줍니다.

06 연핑크 장미를 와이어로 감아줍니다.

07 감아놓은 와이어에 글루건을 쏘아 단
단히 고정합니다.

08 줄기 로핑 오른편에 라벤더를 와이어
로 감아줍니다.

09 블로초 2송이를 와이어로 감아줍니다.

10 블로초 밑에 연핑크 장미를 와이어로
감아줍니다.

11 감은 와이어에 글루건으로 단단히 고
정하고 샤 리본을 연핑크 장미 아래쪽
에 묶어줍니다.

12 들장미 화관 완성입니다.

스프링 가든 플라워 화관

파스텔 톤의 봄꽃이 가득한 공원에서 친구들과 함께 피크닉을 즐겨보세요.
꽃 향기에 취해, 봄 향기에 취해서 친구들과 아주 행복한 하루가 될 거예요.
소녀의 감성이 담겨 있는 봄 느낌의 화관입니다.

꽃으로 만든 화관

잎 로핑, 물망초, 아스트리아, 블로초

도구 글루건

HOW
TO
MAKE

01 잎 로핑을 60cm로 잘라 원 모양이 되
도록 고정합니다(로핑은 와이어로 되어
있어 원하는 모양으로 잘 구부려집니다).

02 물망초를 글루건으로 원하는 부분에
자유롭게 붙여줍니다.

03 블로초를 부분적으로 글루건으로 자
유롭게 붙여줍니다.

04 아느트리아를 포인트가 될 부분에 글
루건으로 붙여 고정해줍니다.

05 스프링 가든 플라워 화관 완성입니다.

안개꽃 화관

소박하며 잔잔한 안개꽃.
안개꽃 화관은 청순함과 순수함을 연출하기에 좋은 소재입니다.

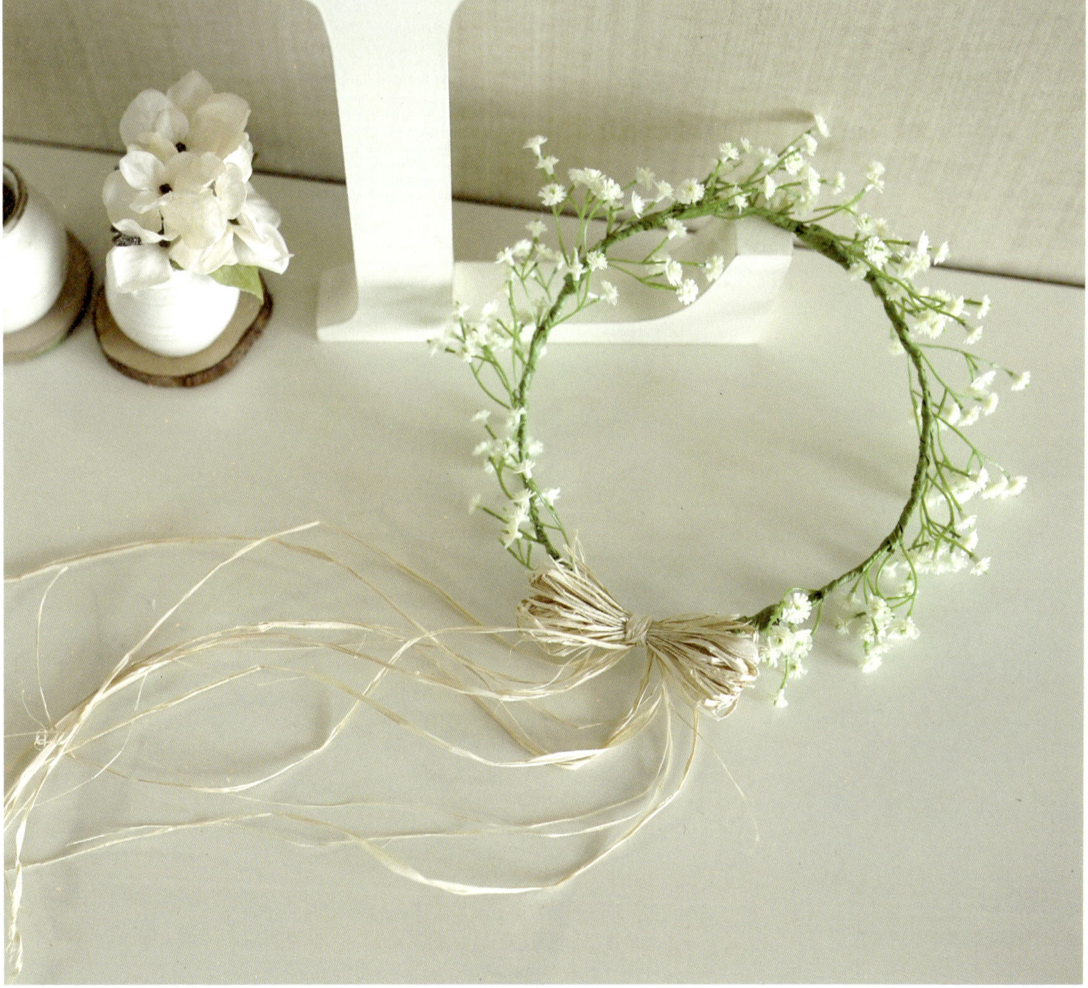

꽃으로 만든 화관

안개꽃 여러 송이, 라피아 리본, 종이 리본

도구 글루건

HOW
TO
MAKE

01 안개꽃 한 줄기에 글루건을 조금 쏘아
종이 리본을 감아줍니다.

02 적당한 위치에 다른 안개꽃 줄기를 놓
고 종이 리본을 계속해서 감아줍니다.

03 중간중간에 글루건을 쏘아 종이 리본
을 고정합니다.

04 마무리 부분에 글루건을 쏘아줍니다.

05 양쪽 끝쪽을 연결하여 종이 리본을 감아서 고정합니다.

06 라파아 리본은 80cm의 길이로 여러 줄 준비하고 사진과 같이 라피아 리본 중간에 묶어서 리본 장식을 만듭니다(라피아 리본 만들기는 기본 테크닉 참조).

07 안개꽃 화관의 연결 부분에 라피아리본을 글루건으로 붙여줍니다.

08 안개꽃 화관 완성입니다.

와일드 플라워 화관

하늘하늘 원피스를 입고 들판을 뛰어다니는 아이들 머리에 살포시 얹어주고 싶은 화관.
들판에 앉아서 바로 꺾어서 엮어 만든 꽃반지같이
소녀 감성이 묻어나는 와이드 플라워 화관입니다.

들꽃 로핑, 아스트리아, 금색 토션

도구 와이어, 니퍼

HOW
TO
MAKE

01 들꽃 로핑을 120cm로 자르고 느슨하게 2번 꼬아 원 모양이 되도록 만들어 줍니다.

02 만들어놓은 화관의 틀에 화이트 아스트리아를 와이어로 감아 고정합니다 (와이어로 고정하기는 기본 테크닉 참조).

03 포인트가 될 수 있게 원하는 부분에 아스트리아를 와이어로 고정하여 장식합니다.

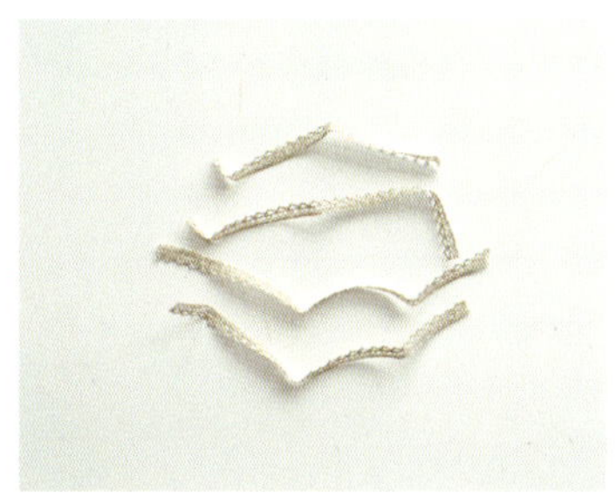

금색 토션을 60cm 길이 1개, 10~13cm 사이로 다양한 길이로 4개를 잘라 준비합니다.

60cm의 토션을 반으로 접어, 화관의 한쪽 부분에 한 번 감아 묶습니다.

잘라놓은 나머지 토션 4개를 묶어놓은 토션의 위에 놓고, 같이 한 번 묶어서 고정합니다.

소녀풍의 와일드 플라워 화관이 완성되었습니다.

꽃으로 만든 주얼리

가든파티 목걸이

붉은 라넌큘러스가 열정적인 삶을 사는 영화 속 여주인공을 생각나게 하네요.
붉은 라넌큘러스 목걸이의 컬러나 디자인이 가든파티에 잘 어울릴 것 같습니다.
리본으로 길이 조절이 가능해 때로는 짧게, 때로는 길게 연출해보세요.

레드 라넌큘러스, 연핑크 봉우리 장미, 잎사귀, 부직포, 남색 공단 리본(1m)

도구 글루건

HOW TO MAKE

01　1m 길이의 공단 리본을 반으로 잘라 50cm씩 두 줄을 만들어 준비합니다.

02　가로 15cm, 세로 3cm 크기의 부직포를 사진과 같이 초승달 모양으로 자르고, 부직포의 양쪽 끝에 준비해둔 50cm의 리본을 각각 글루건으로 붙여줍니다.

03　리본과 부직포가 연결된 부분을 가릴 수 있게 양쪽에 잎사귀를 글루건으로 붙여줍니다.

04 왼쪽 끝에 연핑크 봉우리 장미를 사진
과 같이 글루건으로 고정합니다.

05 고정한 연핑크 봉우리 장미 옆에 라넌
큘러스 1송이를 붙여줍니다.

06 라넌큘러스 위쪽에 잎사귀와 연핑크
봉우리 장미 1송이를 붙여줍니다.

07 사진과 같이 라넌큘러스 1송이를 붙여
줍니다.

08 라넌큘러스 아래쪽에 잎사귀와 연핑
크 봉우리 장미 1송이를 붙여줍니다.

09 오른쪽 끝의 잎사귀에 연핑크 봉우리
장미를 붙여주고, 그 옆에 라넌큘러스 1송이
를 붙여주면 완성입니다.

꽃 요정의 진주 목걸이

은빛 나비를 타고 날아다니는 작은 요정이 사는 나라.
요정의 마을을 가득 메운 이름 모를 신비한 작은 꽃들을 모아 만든 진주 목걸이 같아요.
꽃 요정의 진주 목걸이는 로맨틱한 보물같이 아름답고 신비롭습니다.

찔레장미 2송이, 노랑 미니장미 2송이, 블루 수국 2송이, 아스트리아 2송이, 아이보리 들꽃 2송이, 노랑 안개꽃 6송이, 잎사귀 2장, 은사로 수놓은 나비 장식, 모조진주 60개, 비즈팁 2개, 고정볼 2개, 부직포

도구 글루건, 우레탄사, 가위, 평펜치

HOW
TO
MAKE

01 부직포를 세로 1~2cm, 가로 4cm 사이즈의 초승달 모양으로 자르고, 사진과 같이 양쪽 끝에 비즈팁을 끼워 평펜치로 눌러 고정하여 우레탄사를 연결할 수 있는 고리를 만듭니다.

02 비즈팁을 끼운 부직포 양쪽 끝에 잎사귀를 글루건으로 붙여줍니다.

03 잎사귀 위쪽으로 노랑안개꽃 3송이씩 양쪽에 붙여줍니다.

04 노랑 미니장미를 안개꽃 위에 사진과 같이 중심에서 살짝 비켜 붙여줍니다.

05 아이보리 들꽃을 노랑 미니장미 옆에 다 붙여줍니다.

06 사진과 같이 찔레장미를 붙여줍니다.

07 왼쪽의 찔레장미 아래쪽에 아스트리아 2송이를 붙여줍니다.

08 왼쪽의 찔레꽃 양쪽 옆에 블루 수국을 붙여줍니다.

09 오른쪽 블루 수국 아래쪽에 은사로 수 놓인 나비를 붙여줍니다.

10 우레탄사에 모조진주를 끼웁니다.

11 모조진주를 끼운 우레탄사에 고정볼을 끼우고, 꽃장식의 비즈팁을 끼웁니다.

12 비즈팁을 끼운 우레탄사를 다시 고정볼에 끼웁니다.

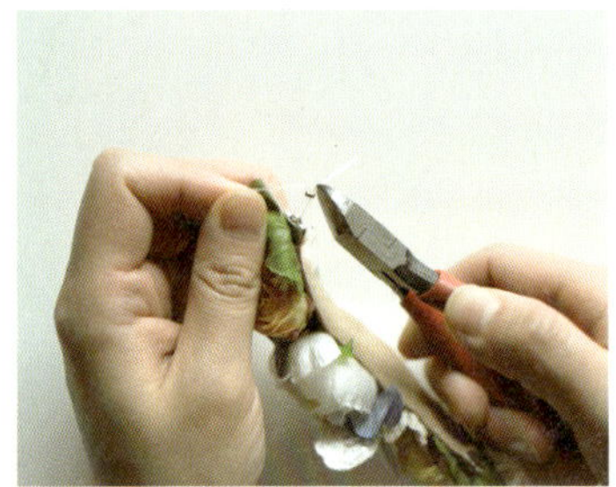

13 평펜치로 고정볼을 눌러 고리를 만들어 꽃장식과 진주 목걸이를 연결하고, 필요 없는 우레탄사를 자릅니다. 다른 쪽도 똑같은 방법으로 연결고리를 만들어줍니다.

14 꽃 요정의 진주 목걸이 완성입니다.

노랑 미니로즈 귀고리

어린 아이같이 해맑은 노랑.
상큼 소녀로 변신하고 싶다면 노랑 미니로즈 귀고리로 발랄하게 연출해보세요.
해피 바이러스를 퍼뜨리는 행복한 사람이 될 거예요.

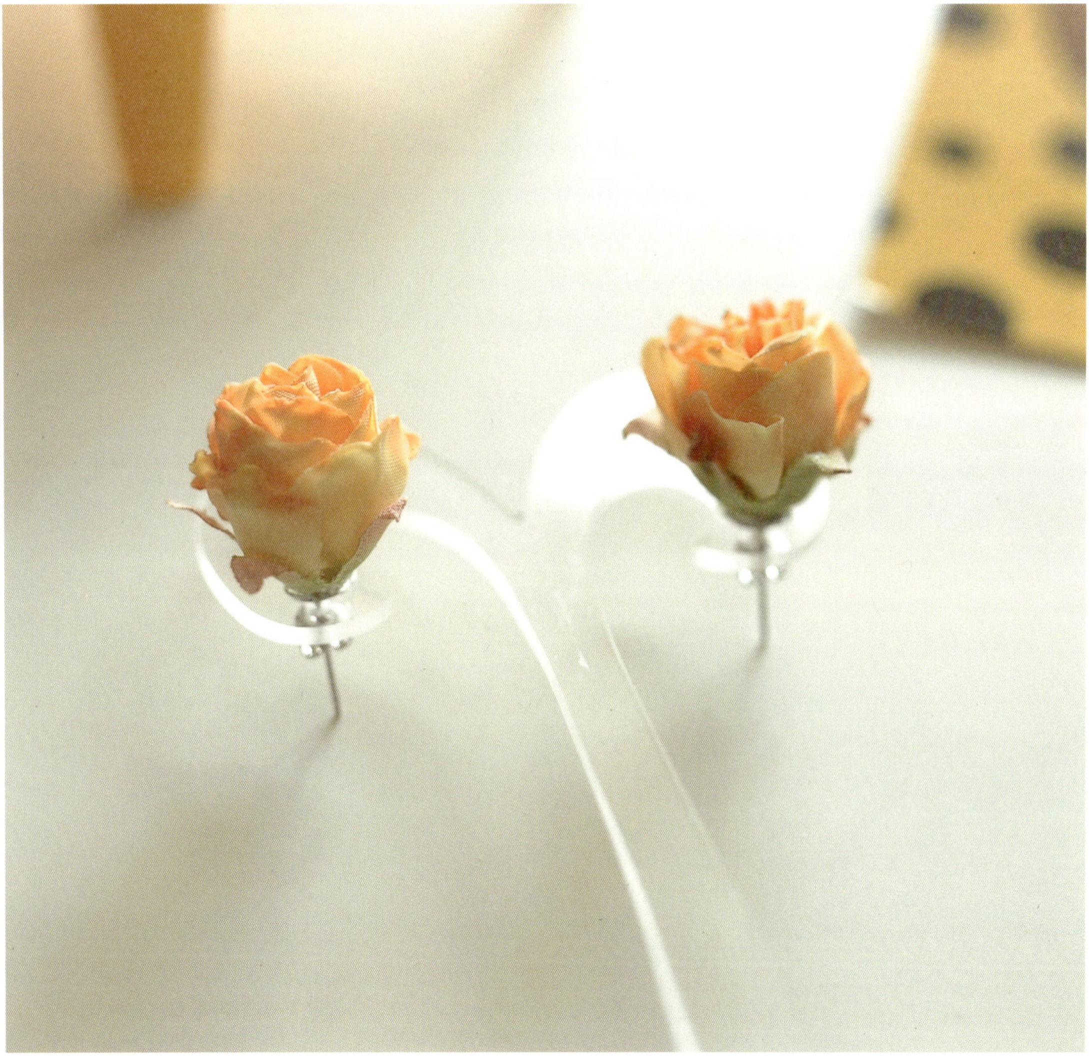

노랑 미니로즈 2송이, 포스트 타입의 귀침

도구 글루건

HOW

TO

MAKE

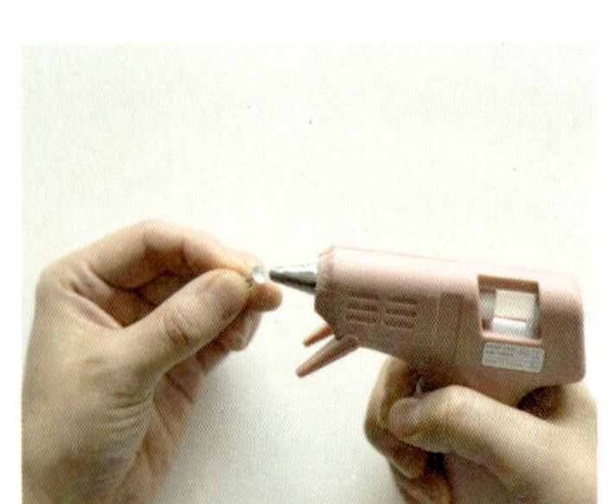

01 귀침에 글루건을 쏘아줍니다.

02 노랑 미니로즈를 귀침에 붙여줍니다.

03 나머지 한 쪽도 같은 방법으로 붙여주
면 완성입니다.

들꽃 반지

네잎 클로버를 찾기 위해 잔디밭에 앉아서 몇 시간이나 헤매던 기억은 누구나 한 번쯤이 있을 거예요.
저는 결국에 클로버 찾기를 포기하고 친구들과 들꽃 반지를 만들어 서로 끼워주면 깔깔 웃던 추억이 생각나네요.
5월의 들판에 핀 잔잔한 작은 꽃들을 모아서 꽃반지를 만들어보세요.
옛 기억에 행복한 미소가 입가에 피어날 거예요.

꽃으로 만든 주얼리

Ready

노랑 안개꽃, 아스트리아, 작은 잎사귀, 부직포, 반지

도구 글루건

HOW
TO
MAKE

01 가로 1.5cm, 세로 0.5cm의 크기의 타원형으로 자른 부직포에 작은 잎사귀 2장을 한쪽 끝에 글루건을 쏘아 붙여줍니다.

02 여러 개의 작은 잎이 달린 잎사귀를 사진과 같이 붙여줍니다.

03 잎사귀 붙인 반대쪽에 안개꽃 3송이를 붙여줍니다.

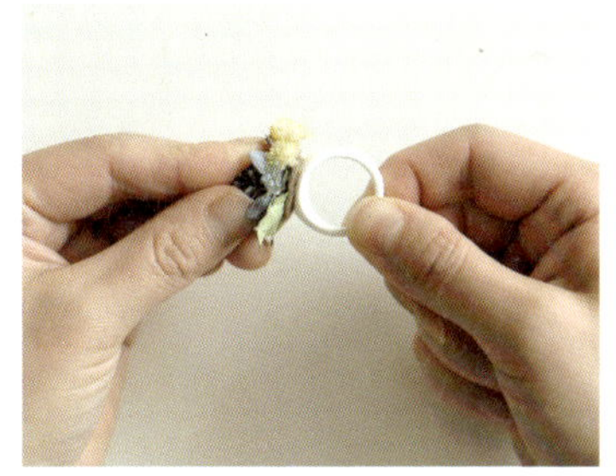

04 사진과 같이 가운데에 아스트리아를 붙여줍니다.

05 부직포에 반지를 글루건으로 붙여줍니다.

06 들꽃 반지 완성입니다.

바이올렛 윙 귀고리

따뜻한 정원을 걸어 다니다가 발견한 연보라 나비.
나비의 날갯짓에 반해 나도 모르게 따라 가보고 싶어집니다.
나비의 날개를 고이 모아 만든 것 같은 바이올렛 윙 귀고리를 만들어보세요.

연보라 수국 2장, 연보라 밀크 크리스털 2개, 큐빅 귀침 1쌍, 비즈캡 2개, O링 2개, 와이어

도구 니퍼, 평펜치, 9자 펜치

HOW

TO

MAKE

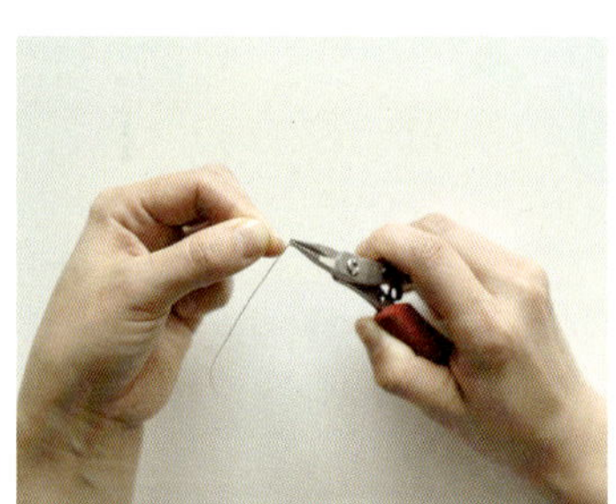

01 와이어를 두 줄로 접고, 9자 펜치를 이용하여 동그랗게 만듭니다.

02 접은 와이어 중 짧은 와이어를 말아서 고리를 만듭니다.

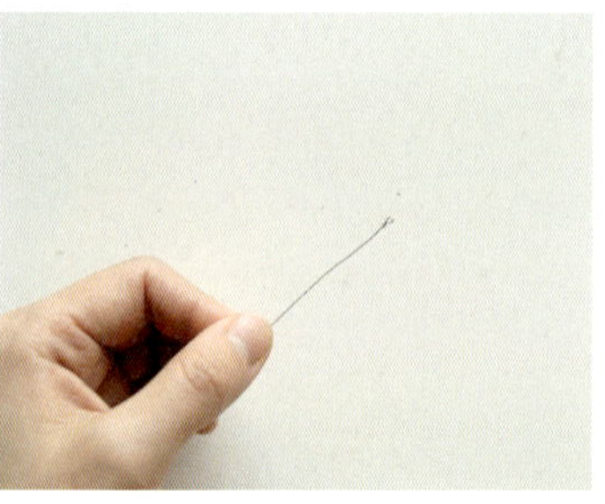

03 고리 모양이 완성되면 남은 와이어를 니퍼로 잘라서 정리합니다.

04 와이어에 밀크 크리스털을 끼웁니다.

05 밀크 크리스털 다음에 연보라 수국을 끼웁니다.

06 다음 비즈캡을 끼우고, 9자 펜치로 고리를 만들고 와이어가 단단히 고정될 정도로 감고 나머지 와이어는 니퍼로 잘라서 정리합니다.

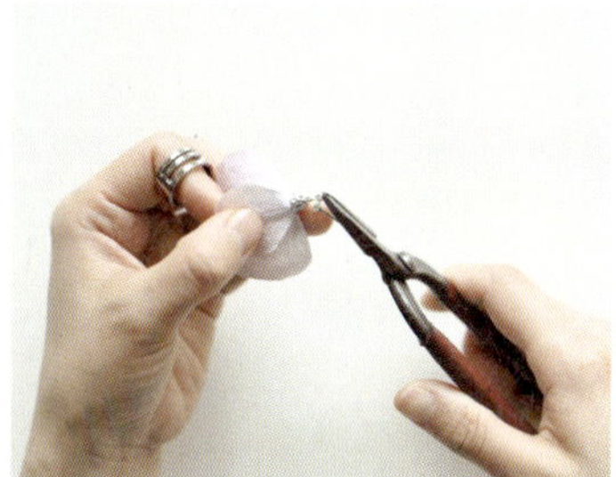

07 수국장식에 만들어진 와이어 고리와 큐빅 귀침을 오링에 끼웁니다.

08 다른 쪽도 같은 방법으로 만들어주면 바이올렛 윙 귀고리 완성입니다.

블로초 귀고리

블로초의 꽃말은 '믿습니다'입니다.
촘촘한 동글이들이 예쁘게 자리 잡고 있어 알알이 열매처럼 보입니다.
다른 꽃들을 더욱 화사하게 만들어주는 감초 꽃이랍니다

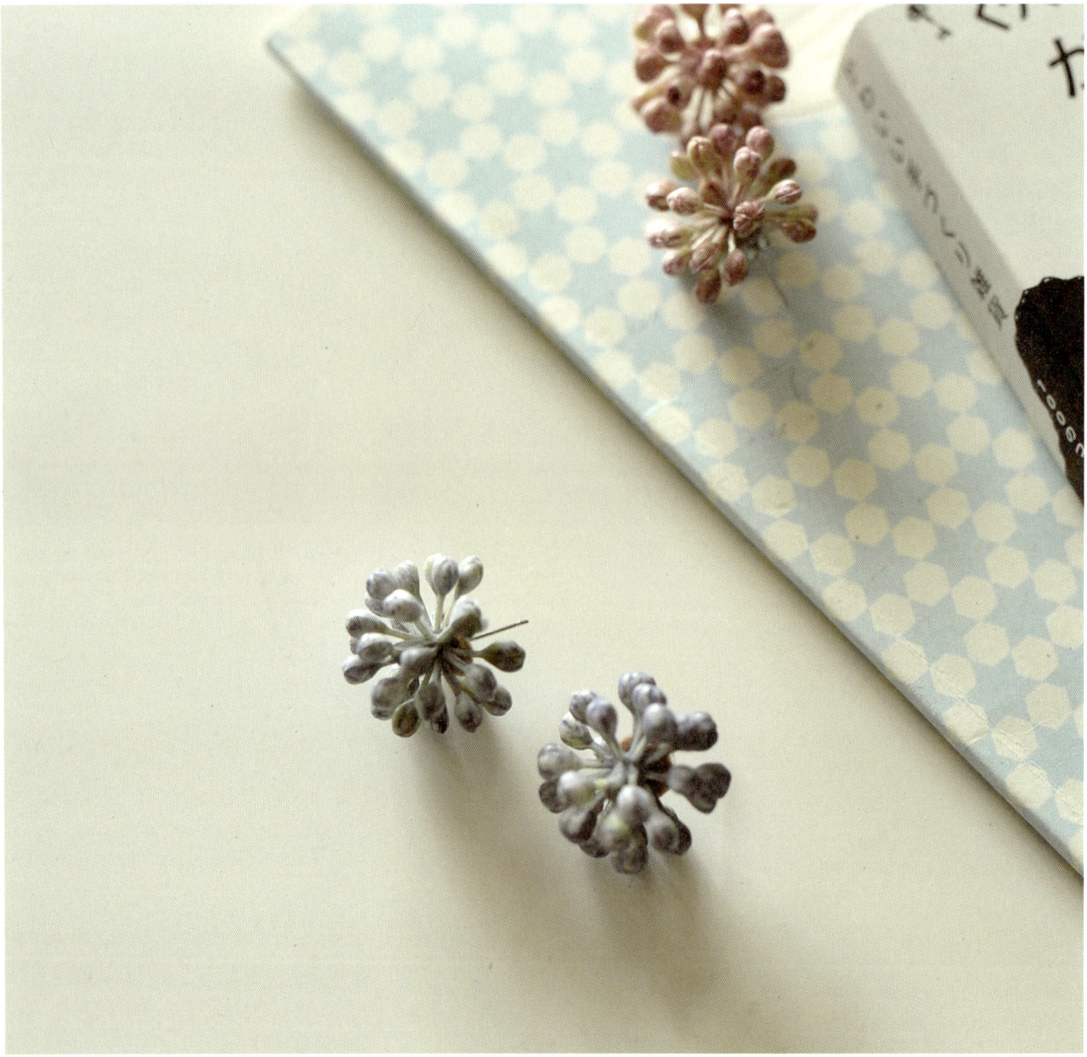

블로초 2송이, 부직포, 포스트 타입의 귀침

도구 글루건

HOW

TO

MAKE

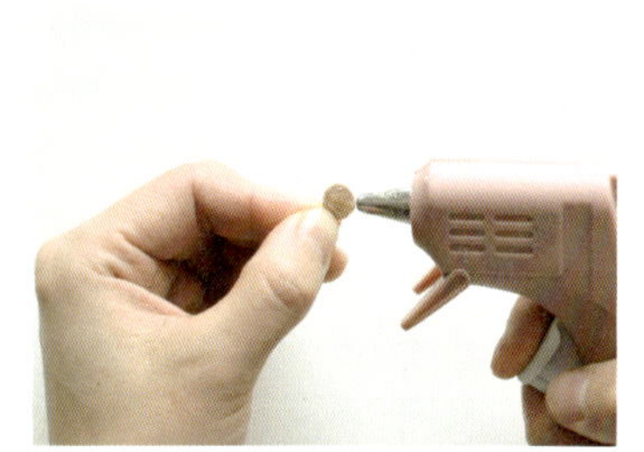

01 부직포를 0.5cm의 지름의 작은 원으로 2개 자르고, 글루건으로 쏘아줍니다.

02 블로초에 부직포를 붙여줍니다.

03 블로초 장식 부직포에 귀침을 붙여줍니다.

04 믿음의 블로초 귀고리 완성입니다.

07

쁘띠 리본팔찌

줄기 하나에 꽃송이들이 올망졸망 피어 있는 물망초.
다른 꽃장식이 없어도 보랏빛 물망초 하나만으로 예쁜 팔찌가 됩니다.

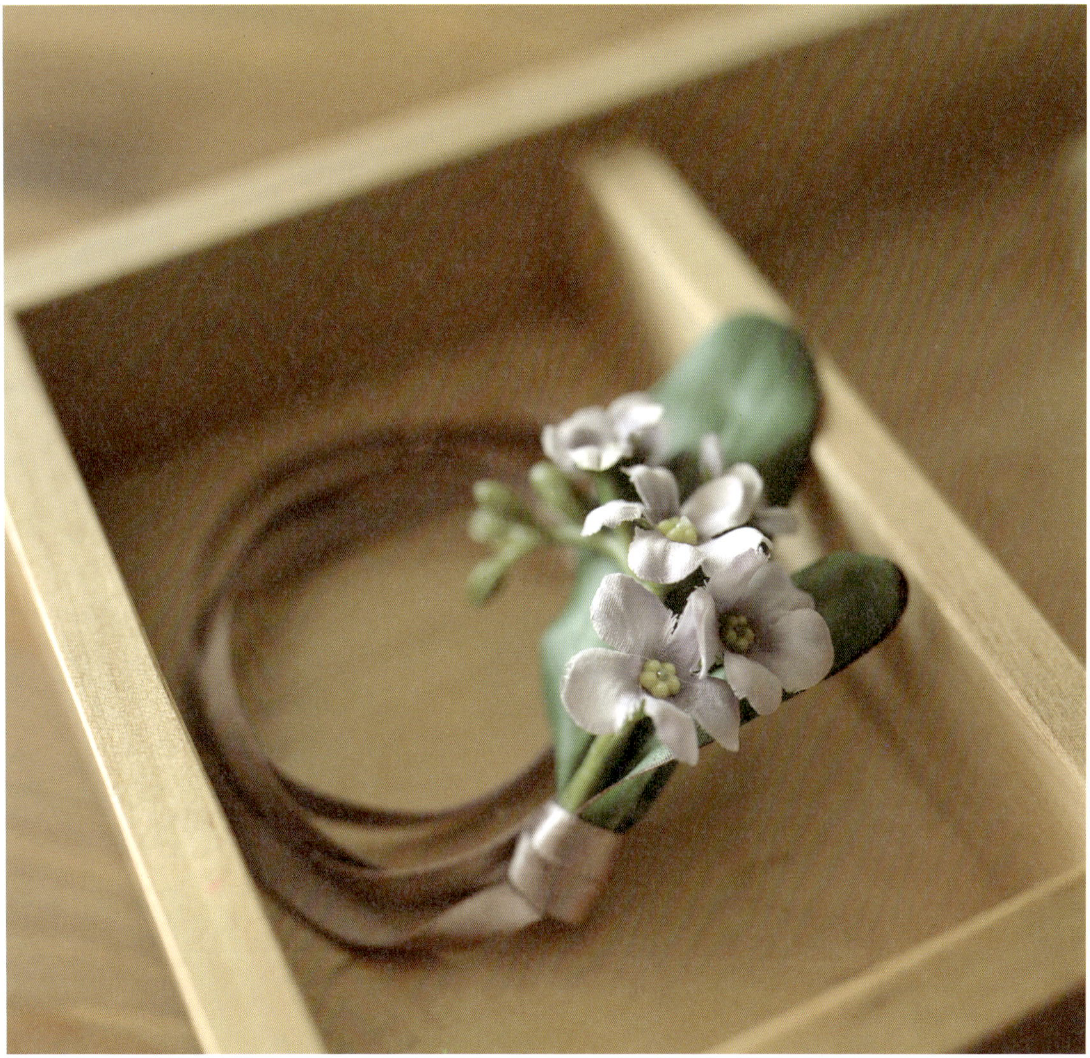

물망초, 잎사귀 2장, 리본

도구 글루건

01 잎사귀 2장을 사진과 같이 엇갈리게 글루건으로 붙여둡니다.

02 붙여놓은 잎사귀 위에 물망초를 붙여 줍니다.

03 40cm 길이의 리본 2줄을 준비하고 잎사귀 뒤쪽에 글루건으로 리본 1줄 을 붙입니다.

04   나머지 리본 1줄로 끝부분을 감싸고,
      먼저 붙여둔 리본과 연결되게 나란히
글루건으로 붙여 고정합니다.

05   쁘띠 리본팔찌 완성입니다.

섬머그린 팔찌

초록빛 수분을 가득 머금은 촉촉한 푸른 잎사귀.
꽃을 생략하고 잎사귀와 블루베리 열매로만 장식되었습니다.
초록 잎사귀들이 싱그럽고 예쁜, 여름 팔찌입니다.

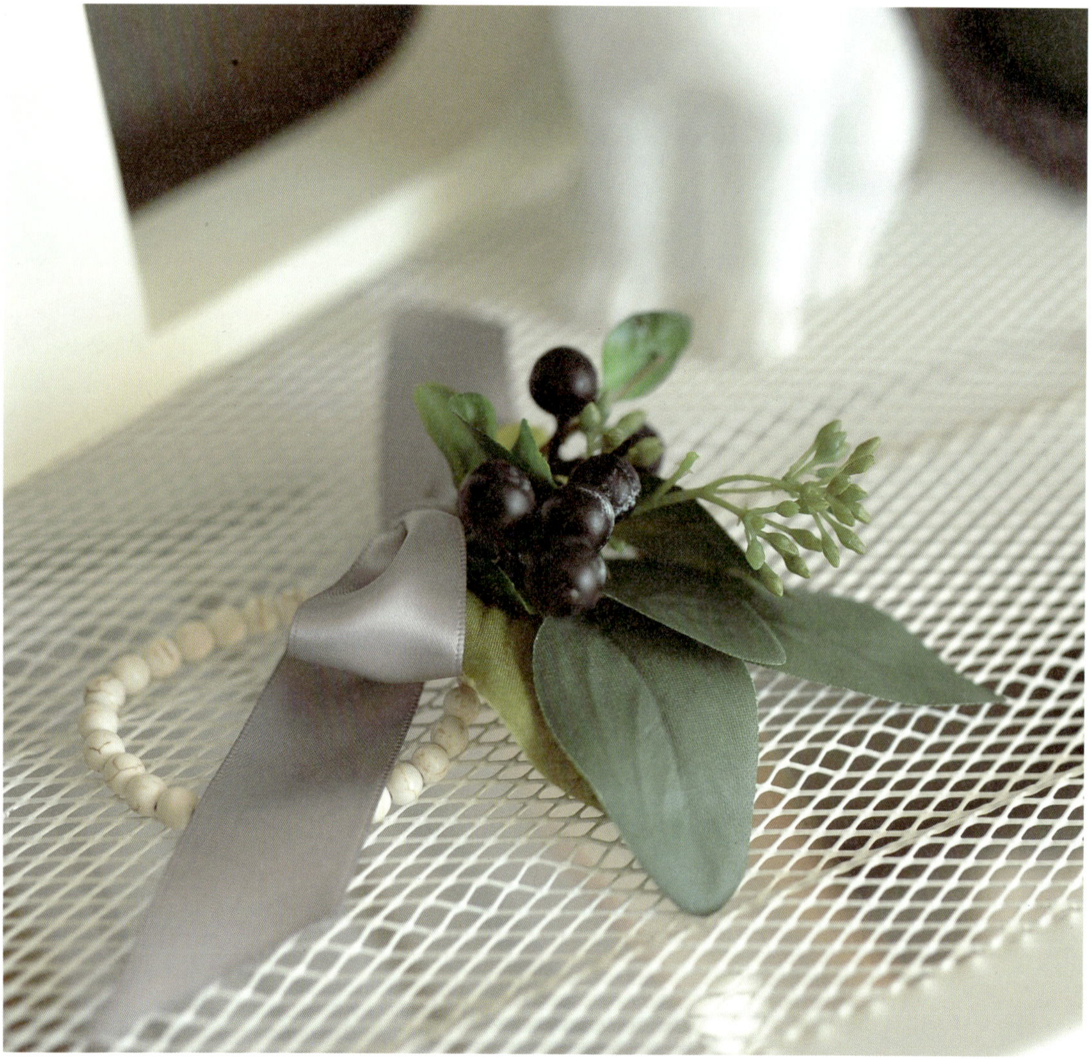

여러 가지 잎사귀, 블루베리, 원석(화석), 실버 공단 리본

도구 글루건, 리본 와이어, 우레탄사

HOW

TO

MAKE

01 우레탄사에 원석을 16~17cm 길이로 끼운 후 우레탄사 양쪽은 매듭을 지어 팔찌를 만들어줍니다.

02 잎사귀와 블루베리가 잘 어울려지게 묶음을 만들어 리본 와이어와 글루건 으로 고정합니다.

03 만들어놓은 원석팔찌에 잎사귀 장식 을 와이어로 묶어 고정합니다.

04 만들어놓은 실버 공단 리본을 글루건 05 싱그러운 섬머그린 팔찌 완성입니다.
으로 붙여줍니다.

소국 반지

파란 가을 하늘아래 탐스럽게 핀 소국 한 송이 따다가
손가락 사이에 끼워보던 추억을 새록새록 떠오르게 하는 반지.
꽃만큼 로맨틱한 소품은 없을 거예요.
만들기도 간단하고 포인트로 착용하기도 좋은 소국 반지예요.

소국, 부직포, 플라스틱 반지

도구 글루건

HOW
TO
MAKE

01 부직포를 지름 0.5cm 크기의 원으로 자르고, 소국의 꽃받침 부분에 글루건으로 붙여줍니다.

02 부직포 부분에 플라스틱 반지를 붙여줍니다.

03 탐스러운 소국 반지 완성입니다.

소국과 비슷한 컬러의 아크릴 진주팔찌에 소국
을 달아 연출해보세요.
간단하지만 우아한 소국 팔찌가 완성됩니다.

숲의 요정 팔찌

꽃들이 피어 있는 숲 속을 날아다니는 요정들이 하고 있을 것 같은 아기자기한 팔찌.
은은한 파스텔 톤의 컬러가 더욱 사랑스럽습니다.

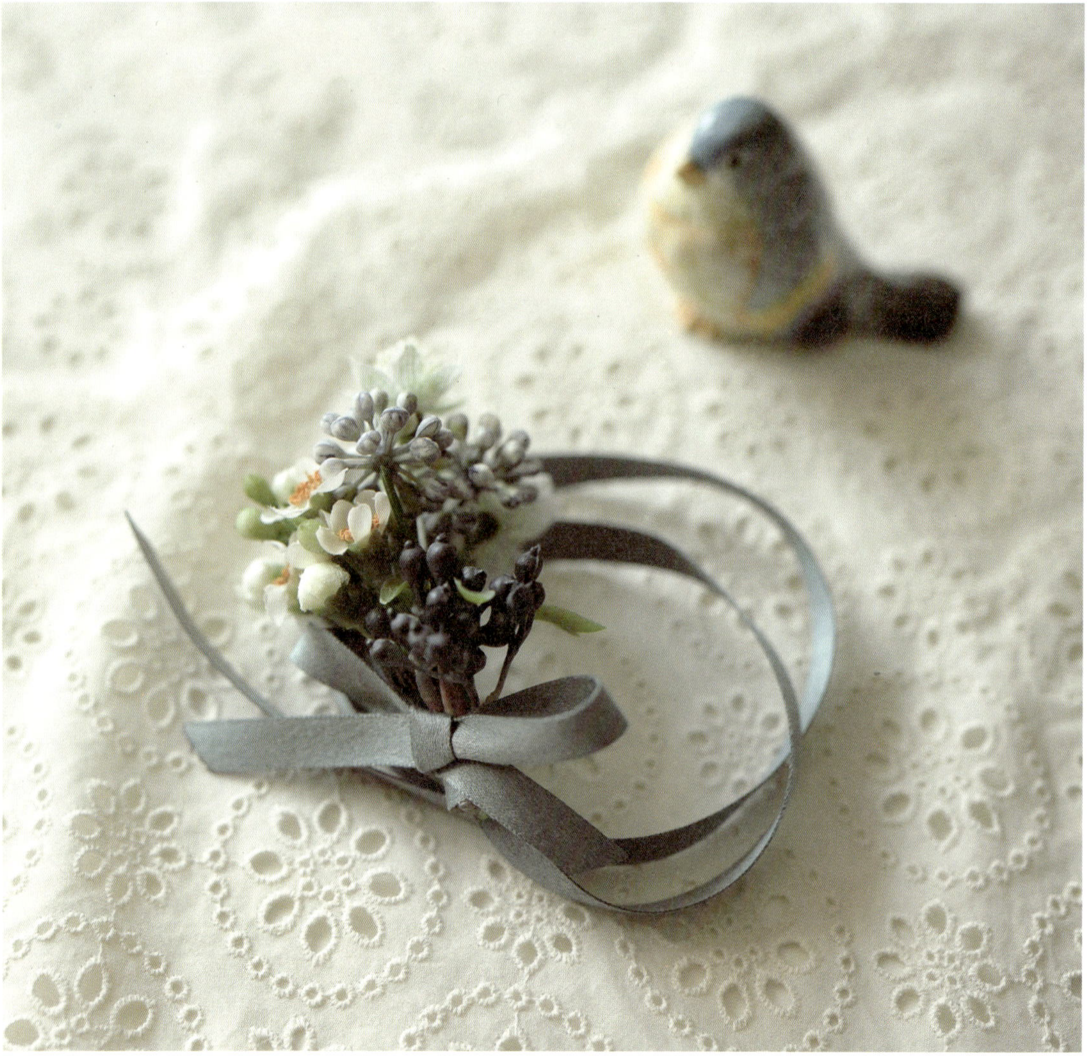

왁스플라워, 블로초, 아스트리아, 블루 열매, 스카이블루 스웨이드 리본

도구 글루건, 와이어

HOW
TO
MAKE

01 꽃을 모아 와이어로 묶어둡니다.

02 꽃묶음 끝을 리본으로 감싸줍니다.

03 스카이블루 스웨이드 리본을 20cm 길
이로 잘라서 리본의 중간에 만들어둔
꽃묶음을 글루건으로 붙여줍니다.

04 스카이블루 스웨이드 리본으로 리본을 만들어 준비하고, 꽃묶음 부분에 글루건을 쏘아줍니다.

05 만들어놓은 리본을 붙여줍니다.

06 숲의 요정 팔찌 완성입니다.

11

올리브 수국 반지

그린 수국을 말린 드라이 꽃을 손 위에 살포시 올려보세요.
톤 다운의 그린 컬러가 세련된 느낌의 꽃반지입니다.

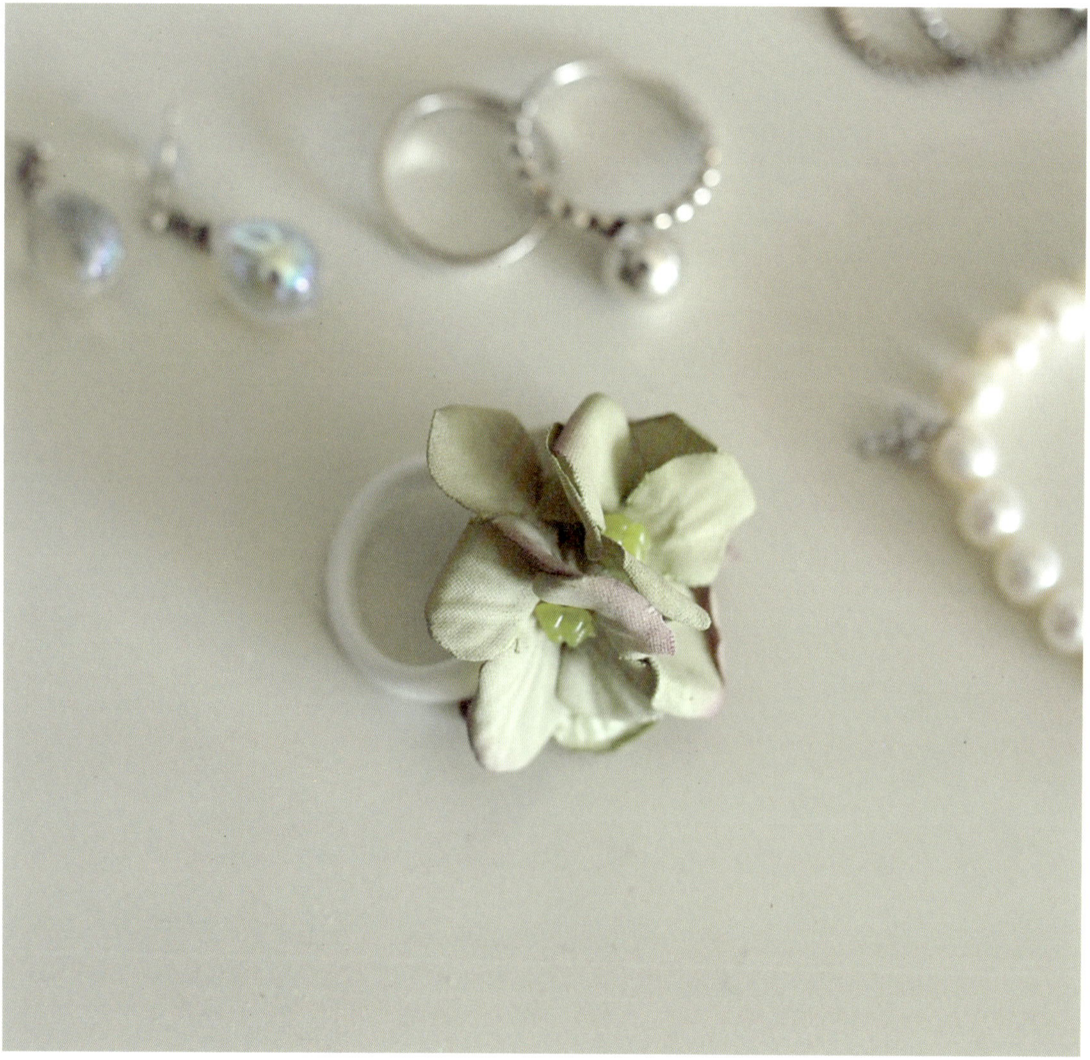

Ready

그린 수국 5송이, 부직포, 반지

도구 글루건

HOW
TO
MAKE

01 가로 1.5cm, 세로 0.5cm의 크기의 타원형으로 자른 부직포에 수국 2송이를 왼쪽 끝에 글루건으로 붙여줍니다.

02 부직포 왼쪽에도 그린 수국 2송이를 붙여줍니다.

03 그린 수국 붙여둔 가운데에 1송이를 붙여줍니다.

04 사진과 같이 부직포에 반지를 글루건
으로 붙여줍니다.

05 드라이 수국 반지 완성입니다.

12

캐비지 장미 반지

붉은 장미는 사랑스러운 꽃이지만,
붉은색의 장미에서는 왠지 모를 카리스마가 느껴지는 매혹적인 꽃입니다.
붉은 장미 한 송이로만 만들어진 캐비지 장미 반지.
스페인의 정열적인 춤인 탱고가 연상되는 반지입니다.

캐비지 장미 1송이, 부직포, 반지

도구 글루건

01 가로 1cm, 세로 0.5cm의 크기의 타원형으로 자른 부직포를 캐비지 장미 꽃받침에 글루건으로 붙여줍니다.

02 부직포에 반지를 붙여줍니다.

03 레드 컬러의 캐비지 장미 반지 완성입니다.

꽃으로 만든 액세서리

초판 1쇄 발행 2015년 5월 11일

지은이 윤혜영
펴낸이 이지은
펴낸곳 팜파스
기획 · 진행 이진아
편집 정은아
디자인 박진희
마케팅 정우룡
인쇄 (주)미광원색사

출판등록 2002년 12월 30일 제10-2536호
주소 서울시 마포구 어울마당로5길 18 팜파스빌딩 2층
대표전화 02-335-3681   **팩스** 02-335-3743
홈페이지 www.pampasbook.com | blog.naver.com/pampasbook
이메일 pampas@pampasbook.com | pampasbook@naver.com

값 15,800원
ISBN 978-89-98537-91-3 13590

이 도서의 국립중앙도서관 출판예정도서목록(CIP)은 서지정보유통지원시스템 홈페이지
(http://seoji.nl.go.kr)와 국가자료공동목록시스템(http://www.nl.go.kr/kolisnet)에서
이용하실 수 있습니다.(CIP제어번호: CIP2015011209)